NIGEL HINTON

IM HERZEN DES TALS

NIGEL HINTON

Im Herzen des Tals

Aus dem Englischen von Hilde Linnert

PAUL ZSOLNAY VERLAG
WIEN · DARMSTADT

Der Autor möchte Evelyn Monnington, Elizabeth Gray
und Kaye Webb für ihre unschätzbare Hilfe, ihre Ratschläge
und ihren ermutigenden Zuspruch danken.
Die Zitate aus *The Sufis* und aus *The Exploits of the Incomparable Mulla Nasrudin* wurden mit freundlicher Erlaubnis von Idries Shah
aufgenommen.

Titel der englischen Ausgabe: The Heart of the Valley

Umschlag und Einband: Buchholz & Hinsch
Satz: Fotosatz Otto Gutfreund, Darmstadt
Druck und Bindung: May & Co., Darmstadt
Printed in Germany
ISBN 3-552-04002-1

CIP-Kurztitelaufnahme der Deutschen Bibliothek

Hinton, Nigel:
Im Herzen des Tals / Nigel Hinton. Aus d. Engl. von Hilde
Linnert. – Wien ; Darmstadt : Zsolnay, 1988
Einheitssacht.: The heart of the valley < dt. >
ISBN 3-552-04002-1

Für Rolande

Die Heckenbraunelle, eine in ganz Europa und Asien verbreitete nahe Verwandte der Finken und Sperlinge, ist eine der in England am häufigsten vorkommenden Singvogelarten. Sie ist scheu und unscheinbar, und bei oberflächlicher Betrachtung könnte man sie, wenn man sie mit anderen, bunteren oder musikalischeren Vögeln vergleicht, für langweilig und uninteressant halten.

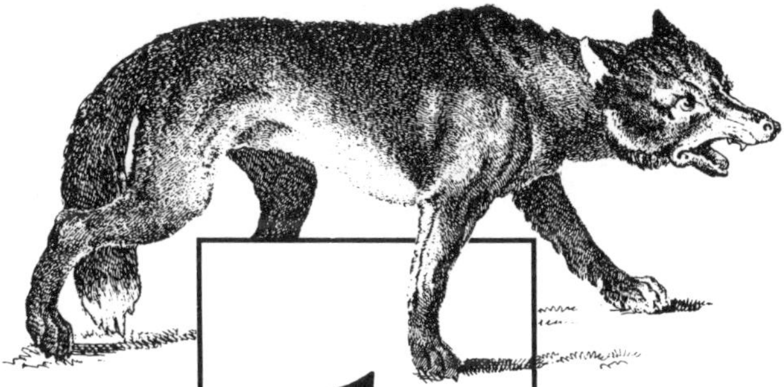

1

Der Winter kommt ins Tal – Die Braunelle auf Futtersuche – Das Zusammentreffen mit dem Fuchs – Überleben und Tod

Weißt du denn, ob nicht jeder Vogel, der durch die Lüfte fliegt,
eine gewalt'ge Welt der Wonne ist, der deine Sinne sich verschließen?

William Blake: *The Marriage Of Heaven And Hell*

Das bitterkalte Wetter setzte in der dritten Januarwoche ein. Bis dahin war der erste Winter der Heckenbraunelle relativ angenehm verlaufen. Der lange, goldene Herbst hatte beinahe bis Ende November gedauert. Einige scharfe Nachtfröste hatten wohl die Insekten etwas dezimiert, aber während der strahlenden Sonnentage hatte sie reichlich Samen gefunden. Es folgte ein ungewöhnlich milder und nicht allzu feuchter Dezember, der einige Insekten wieder hervorlockte, und sie konnte sich sattfressen. Zu Jahresbeginn war sie rund und kräftig. Dann hatte Ostwind eingesetzt, und die Temperatur war unter den Nullpunkt gesunken.

Während der ersten drei Tage hatte sie fast die ganze Zeit im dichten Gestrüpp ihres Schlehdornbusches gehockt, um ihre Kräfte zu schonen. Am vierten Tag, kurz vor Morgengrauen, ließ der heulende, böige Wind nach, und es begann zu schneien. Quälender Hunger und plötzlich erwachte böse Vorahnungen trieben sie auf Futtersuche hinaus.

Im grauen Morgenlicht färbten die dichten Flocken bald alles weiß und veränderten die Formen der Dinge. Sie strich am Rand des Birkenwaldes entlang und suchte nach Samen, bevor sie unter der Schneedecke verschwanden. Der Schnee erfüllte sie mit Entsetzen. Die ständige, verschwommene Bewegung verwirrte sie, so daß sie oft grundlos zurückschreckte und in ein Versteck floh. Einmal war ihr Gesichtskreis jedoch so eingeengt, daß sie sich noch auf dem Boden befand, als neben ihr plötzlich eine große Gestalt aus dem Flockenspiel hervorschoß. Es war nur ein Kaninchen, das einen kurzen Ausflug aus seinem Bau unternahm, doch dieses Erlebnis machte sie noch ängstlicher, und sie saß oft lange im Gebüsch versteckt und spähte mißtrauisch in das wirbelnde Weiß hinaus. Sie sehnte sich danach, in die Sicherheit ihres Schlafplatzes zurückzukehren, aber zuerst mußte sie ihren Hunger stillen.

Wieder flog sie in die gefahrvolle offene Landschaft hinaus und flatterte eilig den Hang zu einem kleinen Bach hinunter. Gewöhnlich bescherte ihr die weiche Erde an seinen Ufern Regenwürmer, und oft fand sie dort auch Samen, die der Bach weiter oben in seinem Lauf mitgerissen hatte. Heute jedoch waren die Würmer in dem zerklüfteten, hartgefrorenen Boden eingeschlossen, und daß der Bach noch floß, war nur an den perlenden Luftblasen unterhalb der zentimeterdicken Eisschicht zu erkennen.

Sie huschte den Bach entlang von Busch zu Busch, bis ein scharfes, warnendes *tick-tick-tick* sie innehalten ließ. Ein Rotkehlchen schoß aus dem Farndickicht und plusterte sein rotes Brustgefieder auf. Es hob den Kopf, stieß noch einmal seinen Warnruf aus und hüpfte dann über den Schnee angriffslustig auf sie zu. Sie senkte unterwürfig den Kopf und floh hangaufwärts aus seinem Revier.

Die dem Wind abgewandte Seite einer Birke bot etwas Schutz vor dem wirbelnden Weiß, und als sie dort landete, hämmerte ihr Herz vor Verstörung und Angst. Unruhig zuckte ihr Kopf hin und her, während sie versuchte, die entsetzliche Veränderung zu begreifen, die über ihre Welt hereingebrochen war. Nichts war so wie vorher – die Luft war von herabfallenden Gestalten erfüllt, die sie zwar nicht unmittelbar bedrohten, wie sie nach und nach erkannte, die aber die Außenwelt noch gefährlicher machten. Irgendwo dort draußen lauerten ihre Feinde und strichen herum, ihren Blicken verborgen, bis es vielleicht zu spät war.

Der Schnee hatte sich so schnell angehäuft, daß er zu beiden Seiten des kleinen, freien Flecks, auf dem sie saß, beinahe die Höhe ihrer Augen erreichte. Jetzt war es nicht mehr möglich, darunter Futter zu finden, und der nagende Hunger wurde schlimmer. Sie pickte auf dem kleinen freien Fleck rings um sie probeweise einige Dinge mit dem Schnabel auf und ließ sie wieder fallen.

Ein Eichhörnchen rannte über einen der unteren Äste der Birke und sprang auf den nächsten Baum. Die Braunelle nahm die Bewegung aus den Augenwinkeln wahr, drückte sich auf den Boden und erstarrte. Sobald das Eichhörnchen abgesprungen war, schnellte der Ast wieder in die Höhe und überschüttete die Braunelle mit einem Schneeschauer. Von Panik erfüllt flog sie auf, in das wirbelnde Chaos hinaus, ohne auf die Richtung zu achten.

Am östlichen Ende des Waldes war das Farndickicht auf der Hügelkuppe bereits vollkommen von Schnee bedeckt und sah aus wie eine Miniaturlandschaft aus weißen Tälern und Hügeln. Unter der Schneedecke waren jedoch noch braune Farnwedel zu erkennen, und die Braunelle steuerte auf dieses letzte vertraute Merkmal ihrer Welt zu. Sie landete in dem Hohlraum unterhalb der Schneeschicht und hüpfte von dort auf den gebogenen Stengel eines Farns. Der Schnee hatte Farne und Brombeerranken niedergedrückt, so daß es im Gewirr des Unterholzes noch dunkler war als sonst. Aber hier war der Boden wenigstens noch schneefrei.

Sie wartete, vollkommen reglos, und spähte in die Finsternis. In einem so verfilzten Dickicht konnte unmöglich ein größeres Tier lauern. Sie hüpfte von Ranke zu Ranke immer tiefer in die Dunkelheit hinein, blieb nach jedem Sprung eine Weile sitzen und hielt Ausschau nach Gefahren. Als sie beinahe im Zentrum des Dickichts angelangt war, wagte sie endlich, auf den Boden zu hüpfen. Der Frost war hier nicht so tief eingedrungen, und sie begann an dem modernden Laub zu picken. Die oberste Lage war zu Klumpen gefroren, die sie nur mit Mühe umdrehen konnte, aber sie gab nicht auf, und es gelang ihr, einen kleinen Fleck freizulegen. Sobald sie das geschafft hatte, fiel es ihr leichter, den nächsten Klumpen zu wenden. Hier in dem zusammengepreßten, verrottenden Blätterhumus fand sie endlich Nahrung – ein paar Samen und Schmetterlingspuppen.

In den nächsten Stunden arbeitete sie sich weiter, wendete die Blätter und suchte mit dem Schnabel nach ein paar Bröckchen Futter. Je mehr der Hunger nachließ, desto schärfer wurden ihre Sinne, und sie musterte immer wieder mißtrauisch ihre Umgebung. Als ihr Magen endlich gefüllt war, genügte das Zittern eines Blattes, und schon floh sie auf den nächsten Ast. Ihr Verlangen, diesen dunklen, fremden Ort zu verlassen, wurde immer stärker, und die Sicherheit ihres Schlafplatzes erschien ihr immer verlockender. Als das zunehmende Gewicht des Schnees die Zweige plötzlich tiefer hinunterdrückte, flog sie erschrocken auf und schlüpfte durch die Öffnung des Dickichts ins Freie hinaus.

Es schneite noch stärker als zuvor, und sie steuerte fast im Blindflug am Waldrand entlang, bis sie den Schlehdornbusch erreichte, in dessen Mitte sich ihr Schlafplatz befand. Nahe dem Hauptstamm hatten sich lange Grashalme um den untersten Ast geschlungen und so einen schützenden Tunnel gebildet, der gerade groß genug für ihren kleinen Körper war. Sie zwängte sich hindurch und fand die Gemütlichkeit und Sicherheit ihres Heims wieder. Hier war sie vor dem Wind geschützt, das Futter in ihrem Magen wärmte sie, und wohlig rückte sie sich zurecht und entspannte sich. Als sie ihr Gefieder aufplusterte, um so eine warme isolierende Luftschicht zu schaffen, spürte sie den tröstlichen Druck des Grases, das sich im Lauf der Monate ihrem Körper angepaßt hatte.

Gegen neun Uhr abends hörte es zu schneien auf. Die Wolkendecke begann aufzureißen, gegen Mitternacht verschwanden auch die letzten zerfetzten Wolkenstreifen, und der Mond strahlte hell aus der kalten, schwarzen Tiefe des Raums. Der Schnee knirschte leise und wurde infolge der strengen Kälte hart.

Eine Schleiereule flog geräuschlos durch den Wald. Sooft sie die Flügel hob, leuchteten die weißen Flaumfedern silbern im Mondlicht. Sie ließ sich auf dem Wipfel einer Birke nieder und kreischte. Der langgezogene, unheimliche Schrei weckte die Braunelle, die vor Schreck leise zu zwitschern begann, dann unvermittelt abbrach und sich enger an den Stamm drückte. Die Eule beobachtete den Schlehdornbusch und lauerte auf die geringste Bewegung. Fünf Minuten lang rührte sie sich nicht, dann wendete sie den Kopf, ohne Körper und Beine zu bewegen, und ließ ihren Blick rundum über die weiße Weite schweifen. Dann, als hätte die vollkommene Reglosigkeit sie verärgert, kreischte sie plötzlich nochmals auf, senkte den Kopf, schwang ihn hin und her und klappte den Schnabel auf und zu. Das laute Schnappen hallte durch die Stille wie das Geräusch zerbrechender Knochen, so daß ein Feldsperling, der in einem Stechpalmenbusch saß, plötzlich die Nerven verlor. Er schlug mit den Flügeln und hüpfte auf einen anderen Zweig. Das leise Rascheln der Stechpalmenblätter erregte die Aufmerksamkeit der Eule. Sie hob drohend den Kopf und wandte ihn dem Busch zu. Die Nickhaut glitt über ihre Augen, sie schienen sich zu schließen, doch durch die schmalen Schlitze hielt die Eule nach weiteren verräterischen Zeichen Ausschau. Als sich nichts rührte, ließ sie sich nach vorn fallen und segelte auf den Stechpalmenbusch hinunter. Sie umklammerte den obersten Zweig, richtete sich hoch auf und begann wild mit den Flügeln zu schlagen. Der Busch schwankte und bebte, bis der Feldsperling, von Panik erfaßt, in die Dunkelheit hinausflatterte. Er landete verstört im Schnee, hob den Kopf und konnte gerade noch einen Blick auf den Mond werfen, bevor dieser durch den herabstoßenden Schatten der Eule verdunkelt wurde.

Ihre scharfen Krallen zermalmten den Kopf ihres Opfers, und einen Augenblick später flog sie mit dem leblosen Körper in die Nacht hinaus.

Die Braunelle hatte alles mit angehört, und es dauerte eine volle Stunde, bis sich ihre zitternden Nerven beruhigten und sie wieder einschlief.

Der nächste Tag war klar, hell und bitterkalt. Die Sonne glitzerte auf dem gefrorenen Schnee, als die Braunelle zu dem Farndickicht zurückflog, in dem sie am Tag vorher Futter gefunden hatte. Vor der Öffnung hatte sich Schnee angehäuft, und sie hüpfte suchend auf der harten Kruste herum, bis sie einen schmalen Durchlaß entdeckte. Wieder mußte sie mühsam die gefrorene Laubschicht mit dem Schnabel zerteilen, doch allmählich legte sie einige Samen frei, die sie gierig aufpickte.

Eine winzige Maus erschien und schwang sich von einer dicken Brombeerranke auf einen Farnstengel. Die Braunelle legte den Kopf schief und starrte den Eindringling an. Die Vorderpfoten auf den Farn gestützt, den Schwanz um die Ranke geschlungen, hielt die Maus inne. Die Braunelle hob drohend die Flügel und trippelte mit ein paar schnellen Schritten auf sie zu. Die Maus machte kehrt, huschte die Ranke hinauf und verschwand. Die Braunelle starrte ihr noch lange nach, dann stieß sie ein hohes »Ziiirp« aus, um die Maus noch einmal zu warnen, und nahm die Futtersuche wieder auf.

Kurz nach Mittag verließ sie das Farndickicht und flog zum Schlehdorn zurück. Doch statt ihre Schlafstelle aufzusuchen, flog sie zu einer nahen Birke, wo sie am Ansatz eines unteren Astes ein schönes, sonniges Plätzchen entdeckt hatte. Eine Zeitlang wärmten sie die Sonnenstrahlen trotz der eisigen Luft. Sie blieb sitzen, genoß das Licht und putzte ihr Gefieder, bis der letzte Sonnenstrahl verschwand und ihr Sitzplatz in eisigem Schatten lag. Sie flog hinunter und pickte versuchsweise in der Umgebung ihres Schlehdornbusches im Schnee. Mehrere Stunden lang suchte sie das Gebiet zwischen ihrem Busch und dem Waldrand ergebnislos nach Futter ab. Die Kälte drang durch ihr Gefieder, und ihr Körper kühlte sich rasch ab. Sie mußte wieder Futter finden, sonst würde sie die bevorstehende lange Nacht nicht überleben.

Die Sonne ging bereits unter und färbte den aufsteigenden Nebel rosa, als die Braunelle zu dem Farndickicht zurückflog. Als sie durch den Eingang schlüpfte, verschwand die Maus, die in dem von der Braunelle umgedrehten Laub gescharrt hatte, hinter einem Büschel Farnwedel. Die Braunelle machte sich sofort an die Arbeit und durchsuchte die Blätterschicht mit raschen Schnabelbewegungen. Zum Glück entdeckte sie sehr bald eine Menge Samen und füllte sie in ihren Kropf. Sie war eben damit fertig und begann mit dem Rücken zum Eingang an einem festgefrorenen Stück der Laubschicht zu zerren, als sie draußen ein leises Knirschen vernahm. Ein großes Tier, so schwer, daß es durch die harte Oberfläche des Schnees brach, näherte sich dem Farndickicht.

Die Braunelle hob den Kopf und drehte sich genau in dem Augenblick um, als das durch den Eingang hereinfallende

Licht sich verdüsterte. Sie sah, wie die lange, spitze Schnauze und die aufgerichteten Ohren eines Fuches das Loch allmählich ausfüllten, dann wurde es dunkel. Sie rührte sich nicht.

Der Fuchs hatte seinen Bau früher als sonst verlassen, weil die Kälte ihn ebenso wie alle anderen Tiere hungrig gemacht hatte. Er war unterwegs zu den kleinen, verstreuten Ansiedlungen im Tal – Brook Cottage, Little Ashden und Forge Farm – und als er an dem Farndickicht vorüberkam, hatte ihm aus dessen Öffnung ein Geruch entgegengeschlagen, dem er nachzugehen beschloß.

Drinnen war es dunkel, aber jetzt konnte seine scharfe Nase den Geruch identifizieren – Vogel und Maus. Er zwängte den Kopf tiefer in die Öffnung und scharrte mit den Vorderpfoten den Schnee weg. Die Farnstengel gaben nach, und der vordere Teil seines Körpers glitt in den von Brombeerranken überdachten Hohlraum.

Die Braunelle flog nach rechts, prallte gegen Zweige und stürzte zu Boden. Heftig flatternd versuchte sie das Gleichgewicht wiederzufinden, und es gelang ihr, auf einem anderen Zweig Halt zu finden. Ihr Geflatter und ihr aufgeregtes Piepsen steigerten den Blutdurst des Fuchses. Er entblößte seine scharfen Fangzähne und drängte sich noch tiefer in das dichte Unterholz. Die Büsche bebten, und das feine Astgewirr, auf dem der Schnee gelegen hatte, wölbte sich und gab nach. Festgefrorene Schneeklumpen prasselten auf den Rükken des Fuches nieder.

Als die kleine Lawine sich löste, schnellten die von der Last befreiten Äste hoch. Die Braunelle erblickte über sich ein kleines Fleckchen Himmel und strebte mit aller Kraft darauf zu. Ihre Flügel streiften die Farne, aber sie kam durch und flog ins Freie hinaus.

Der Fuchs hörte die sich entfernenden Flügelschläge und

kroch im Rückwärtsgang aus dem Gebüsch. Etwas Schnee glitt von seinen Schultern und fiel auf die Farne, hinter denen sich die verängstigte Maus versteckt hatte. Sie sprang hinter dem Farnbüschel hervor, begann hastig über die Schneebrocken zu klettern, verlor in der Eile den Halt und rutschte mit den Vorderpfoten ab. Der Fuchs sah die Bewegung, stieß mit der Schnauze vor, schnappte nach dem kleinen Geschöpf und zermalmte es zwischen den Zähnen.

Als die Braunelle ihren Schlafplatz endlich wieder erreichte, war die Sonne bereits untergegangen. Am Horizont leuchtete noch ein hellgrüner Streifen, aber darüber glitzerte bereits einsam und eisig der Polarstern am dunkelblauen Nachthimmel.

Es war eine lange, furchtbare Nacht. Die Temperatur sank stündlich tiefer, bis sie um Mitternacht minus sechzehn Grad erreichte. Unten am Bach schwankte das Rotkehlchen, das die Braunelle verjagt hatte, auf seinem Ast, dann stürzte es kopfüber zu Boden, tot. Der Leichnam fiel auf das Eis und glitt ein Stück weiter, bevor er mit zum Himmel gereckten Beinen liegenblieb. Kurz vor Morgengrauen fand ihn eine Ratte.

Im Birkenwald erfror ein Baumläufer in dem Efeu, in dem er nistete, und wurde erst vier Tage später von einer hungrigen Elster dort entdeckt. Zwei Goldhähnchen, die im Unterholz in der Nähe des Schlehdorns ihren Schlafplatz hatten, starben wenige Minuten nacheinander; ihre starren kleinen Leichen lagen nebeneinander im Schnee. In dem gesamten Gebiet begann ein großes Vogelsterben. Am Anfang der Kälteperiode waren wie alljährlich nur die schwachen Tiere auf der Strecke geblieben, doch dieser harten Prüfung erlagen sogar junge, kräftige Vögel.

Die Braunelle kauerte in ihrer Schlafhöhle, mit aufgeplustertem Gefieder und vor die Brust geschlagenen Flügeln. Die Kälte schien sich auf ihre Schädeldecke zu konzentrieren und lähmte beinahe ihr Gehirn. Im Gegensatz zu den meisten anderen Vögeln im Wald hatte sie jedoch in den letzten beiden Tagen genügend gefressen, so daß ihre Kraft- und Wärmereserven ausreichten, um die Nacht zu überleben. Während sie in ihrer kleinen Grashöhle saß, überliefen von Zeit zu Zeit heftige Schauer ihren Körper. Bis jetzt war sie in ihrem jungen Leben ein einsames, unabhängiges Geschöpf gewesen – sie hatte Artgenossen, die ihr zu nahe kamen, sogar aggressiv abgewehrt. Jetzt aber weckten Schmerz und Angst ein neues, wenn auch noch undeutliches Verlangen in ihr – sie sehnte sich nach tröstlicher Gesellschaft, nach dem Schutz und der Wärme eines anderen Körpers.

Bei Tagesanbruch hüpfte die Braunelle steif aus ihrer Schlafhöhle und setzte sich auf das Ende des Astes. Die Luft war so schneidend kalt, daß sie die Welt durch halbgeschlossene Lider hindurch betrachten mußte. Sie schlug schwach mit den Flügeln, verlor beinahe das Gleichgewicht, richtete sich wieder auf, schlug noch einmal mit den Flügeln, hob ab und flog in den Wald. Nach dem kurzen Flug schwindelte ihr, und als sie auf dem Boden landete, hüpfte sie sofort weiter über den Schnee, um nicht umzufallen. Ihr Körper war steif, und sie mußte sich bewegen, um ihre Glieder zu lokkern, aber wenn sie nicht bald Nahrung fand, würde sie sich nicht mehr lange bewegen können.

Sie zwang sich, in kurzen Etappen von Baum zu Baum zu fliegen, und rastete jedesmal ein Weilchen, um Kraft für den nächsten Flug zu sammeln. Endlich tauchte sie aus der Dunkelheit des Waldes auf und setzte sich auf einen kleinen

Schlehenstrauch. Die Sonne stieg bereits über den Bäumen und Felsen auf der anderen Talseite empor, aber ihre schwachen Strahlen wärmten nicht. Zu ihrer Linken lag das Farn- und Brombeerdickicht, in dem sie in den vergangenen zwei Tagen Nahrung gefunden hatte. Der Fuchs hatte die Schneedecke darüber zum Einsturz gebracht und ihren Futterplatz verschüttet – nun lagen die Samen dort wie überall unter der gefrorenen Kruste begraben. Außerdem assoziierte sie diesen Ort jetzt mit Gefahr, deshalb überflog sie ihn und landete jenseits davon auf dem Schnee. Von hier fiel das hügelige Weideland, ein glitzernd weißes Schneemeer, steil ins Tal ab.

Am Fuß des Hügels gab es eine von Hecken gesäumte Straße. Jenseits der Straße lag ein schmaler Streifen Weideland und dahinter der kleine Fluß, der im Laufe vieler Jahrtausende das Tal geschaffen hatte. Hinter der Baumreihe am anderen Flußufer spiegelte sich die Sonne in den weißen Schornsteinkappen der Darren von Forge Farm. Links von der Braunelle stand, etwas abseits von der Straße, Brook Cottage, und aus den Hecken, die das Anwesen umgaben, tönte das schwache Zwitschern vieler Vögel. Aus dem Schornstein des Hauses stieg eine Rauchfahne empor und verflüchtigte sich in der kalten, ruhigen Luft des Tales zu einem feinen, blauen Dunstschleier.

Diese Gegend lag jenseits des Reviers der Braunelle. Bisher hatte ihr Instinkt sie dazu gezwungen, in der Nähe ihres Schlafplatzes zu bleiben, jetzt aber gewannen zwei noch stärkere Triebe die Oberhand. Sie brauchte Nahrung. In ihrem heimatlichen Revier fand sie keine mehr, doch die Geräusche, die von Brook Cottage zu ihr drangen, verhießen Futter. Und fast ebenso dringend wie Nahrung brauchte sie Gesellschaft.

Lange Zeit hielt die Angst sie zurück. Dann ging in Brook

Cottage eine blaue Tür auf, und eine Frau trat aus dem Haus. Der Vogellärm verstummte. Ein kleiner, schwarzweißer Hund schoß aus der Tür und rannte kläffend und nach unsichtbaren Feinden schnappend im Garten herum. Die Frau machte sich an einem großen, hölzernen Gegenstand im Garten zu schaffen. Nach ein paar Minuten kehrte sie zur Tür zurück und rief. Der Hund beendete seine wilde Jagd und lief ins Haus. Die Tür schloß sich. Kurze Zeit herrschte Stille, dann begannen die Vögel zu dem hölzernen Gegenstand zu fliegen. Ihr lautes, aufgeregtes Gezwitscher konnte nur eines bedeuten: Futter.

Noch hielten die einschränkenden Verhaltensmuster ihres bisherigen Lebens die Braunelle zurück. Es war schrecklich für sie, das Bekannte zu verlassen, und sie schrak davor zurück. Schließlich aber übertönte der Ruf von unten ihre Angst und verlieh ihren Flügeln neue Kraft. Sie verließ ihr Revier und flog auf das Unbekannte zu.

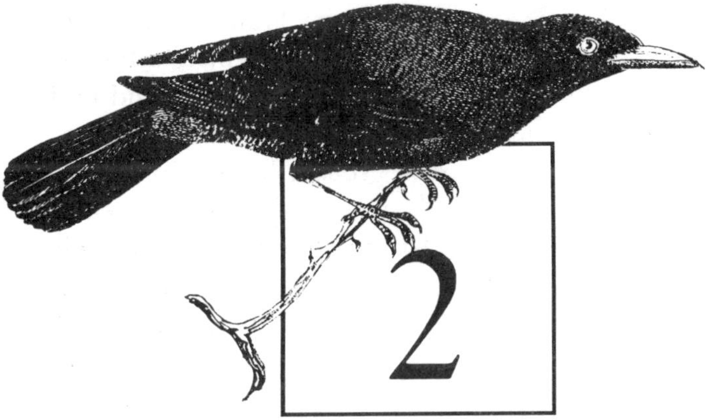

2

Der Vogeltisch – Ein Telefonanruf – Der Ruf des Männchens – Bedrohung, Jagd, Unterwerfung – Ein neues Zuhause

Was macht gläubig? Ein Wunder. Wie kann es dann auf der Welt auch nur einen ungläubigen Menschen geben? Weil viele Menschen die Nervenverbindung zwischen den Augen und dem Gehirn durchtrennt haben. In ihrer wahnhaften Blindheit sind sie intellektuellen Neinsagern, Theoretikern, Theologen und anderen Feinden Gottes ausgeliefert. Doch es spielt keine Rolle; ihnen zum Trotz wird der Glaube wiedergeboren, wann immer jemand sich entschließt, etwas genau zu betrachten – und sei es nur eine Kartoffel.

John Stewart Collins: *The Worm Forgives the Plough*

Die Braunelle landete auf der Schneedecke der ordentlich gestutzten Hecke von Brook Cottage und beobachtete von dort aus die hektische Betriebsamkeit. In der Mitte des Gartens stand, an einem langen Pflock in die Erde gerammt, ein großer Vogeltisch, auf dem sich Samen, Körner und Brotkrümel häuften. Vier Stare und drei Drosseln hielten den Tisch gerade besetzt und fraßen und stritten mit so heftigem Geflatter, daß die hölzerne Stütze schwankte und eine Unmenge Futter auf den Boden fiel. Dort warteten schon Dutzende kleiner Vögel auf den Segen von oben; wenn sie einen Brocken ergatterten, der so groß war, daß sie ihn nicht auf einmal schlucken konnten, flogen sie damit in einen Winkel des Gartens.

Weil jeder Vogel um seinen Anteil kämpfte, war die Luft von scharfen Warn- und Drohrufen erfüllt. Ein Buchfink, der es wagte, auf dem Tisch zu landen, wurde sehr bald vom zustoßenden Schnabel eines Stars vertrieben. Ein Rotkehlchen auf dem Boden war so eifrig damit beschäftigt, das Häufchen Brotkrümel zu seinen Füßen zu verteidigen, daß es gar nicht dazu kam, sie zu fressen. Zwei Amseln patrouillierten auf den unteren Ästen der Hecke, liefen drohend auf kleinere Vögel zu und schüchterten sie so ein, daß sie ihre Beute fallen lassen mußten.

Der Lärm und das wilde Treiben erschreckten die Braunelle, aber sie war so ausgehungert, daß sie sich endlich doch von der Hecke abstieß und auf den zertretenen Schnee hinuntergleiten ließ. Sie hüpfte zu einem Stückchen Brotrinde, nahm es in den Schnabel und flog in den hinteren Teil des Gartens. Unter einem abgebrochenen Kohlstrunk fand sie Zuflucht und begann an der Rinde zu picken und die Krümel zu schlucken. Zwei Grünfinken entdeckten ihr Versteck, sie trillerten und zwitscherten sie zornig an, aber gedeckt durch den Kohlstrunk in ihrem Rücken verteidigte die Braunelle ihr Territorium. Einer der Finken versuchte, sie im Flug anzugreifen, aber das überhängende Kohlblatt ließ ihm nicht genügend Platz dafür. Als er landete, senkte die Braunelle den Kopf, breitete die Flügel aus und stürzte sich in so raschen Sprüngen auf ihn, daß es aussah, als liefe sie. Ihre Schnelligkeit und ihre lauten Rufe erschreckten den Angreifer, und er schwirrte fort auf die Hecke. Die Braunelle kehrte triumphierend zu ihrer Brotrinde zurück und sah gerade noch, wie der andere Grünfink sie schnappte und zum Haus trug.

Von da an hielt sie sich in der Nähe des Vogeltisches, und verschlang jeden kleinen Brocken, den sie erwischen konnte. Zwischen trampelnden Füßen und Krallen hindurch schnappte sie nach Krümeln und Körnern und verfehlte sie oft, weil sie auf unerwartete Angriffe achten mußte. Sie war von Natur aus wenig aggressiv, deshalb vergeudete sie ihre kostbare Energie nicht darauf, anderen Vögeln ihre Beute abzujagen. Stattdessen hüpfte sie geduckt herum und schluckte jedes Bröckchen, das die anderen übersahen. Wenn ihr ein Vogel einen Krümel oder ein Körnchen streitig machte, überließ sie es ihm bereitwillig und fand dafür immer etwas anderes, das noch keiner entdeckt hatte.

An diesem Vormittag wurde sie nur zweimal vom Futterplatz vertrieben. Beim ersten Mal versteifte sich eine jähzornige Goldammer auf ein Korn, das die Braunelle gerade in den Schnabel genommen hatte. Die Braunelle floh in eine kleine Spalte unter der Holztreppe, die zum Geräteschuppen führte. Die Goldammer folgte ihr zwar nicht, schimpfte aber eine Zeitlang zornig vor der Öffnung und stolzierte wichtigtuerisch auf und ab, um zu zeigen, daß sie die Siegerin war, bevor sie zum Futterplatz zurückflog. Die Braunelle blieb, wo sie war, erholte sich von der Unruhe und dem Lärm, und ließ ihrem bereits vollen Magen ein wenig Zeit, die Nahrung zu verdauen.

Bei milderem Wetter wäre sie jetzt zu ihrem Schlafplatz zurückgekehrt und hätte sich erst am Nachmittag wieder auf Futtersuche begeben. Aber während einer Kältewelle wie dieser benötigte ihr Körper täglich mehr als ein Drittel seines Eigengewichts an Futter, allein um die nötige Körpertemperatur aufrechtzuerhalten. Deshalb kehrte sie zu dem Gedränge und Geflatter um den Tisch zurück, sobald ihr Magen wieder aufnahmefähig war. Sie hielt respektvoll Abstand von der Goldammer, doch diese schien ihre Anwesenheit gar nicht zu bemerken.

Am späteren Vormittag fand eine zweite Unterbrechung statt, und diesmal betraf sie fast alle Vögel. Mit krächzendem Geschrei tauchte eine Schar Elstern über dem Dach von Brook Cottage auf. Die kleinen Vögel gingen sofort in Dekkung. Die Braunelle flüchtete zur Ligusterhecke, drängte sich hindurch und flog den Hügel hinauf in die Sicherheit des Farndickichts.

Die Sonne stand jetzt hoch am Himmel, und die Braunelle setzte sich auf die Farnwedel, genoß die Wärme und blickte zum Garten zurück. Mit Ausnahme von ein paar Spatzen und Meisen, die sich noch an den kleinen Drahtkorb voller Nüsse klammerten, der im Apfelbaum vor der Hintertür des Hauses hing, hatten die tyrannischen Elstern inzwischen alle anderen Vögel aus dem Feld geschlagen. Einige standen schwankend und unsicher auf der Tischplatte, aber die meisten hüpften schwerfällig um den Ständer herum und pickten die Futterreste auf. Es gab oft Streit, wenn eine Elster der anderen etwas vor dem Schnabel wegschnappte, damit davonflog und von der kreischenden Rivalin verfolgt wurde.

Zum ersten Mal, seit die Kälte eingesetzt hatte, schien die Sonne so warm, daß der Schnee zu schmelzen begann. Am Dachfirst von Brook Cottage zeigten sich kleine, rote Ziegelflecken, von den Ästen einiger Bäume am Waldrand begann es zu tropfen, und eines der wenigen Autos, die den Fahrweg bei Brook Cottage entlangfuhren, hinterließ matschige Reifenspuren in dem festgepreßten Schnee. Sogar von einem der äußeren Blätter des Farndickichts glitt schmelzender Schnee auf den Boden, und die Braunelle flog hin, um einige Tropfen Wasser zu trinken.

Als die Elstern schließlich in einem Wirbel weiß leuchtender Flügel und langer Schwänze wieder abzogen, kehrten die kleineren Vögel in den Garten zurück. Die Braunelle gesellte sich zu ihnen, mußte jedoch feststellen, daß die Elstern während ihres einstündigen Überfalls das gesamte Futter vertilgt hatten. Der Tisch war leer, und in dem aufgewühlten Schnee ringsum war kein Körnchen mehr zu sehen. Gemeinsam mit ein paar anderen Vögeln begann die Braunelle den Schnee geduldig umzupflügen und nach eingetretenen Samen und Krümeln zu suchen. Am späteren Nachmittag wurde es wieder so kalt, daß die meisten Vögel die Suche aufgaben. Der Schnee begann zu knirschen und zu frieren, und als die Sonne unterging, ließ er sich überhaupt nicht mehr bewegen. Zu diesem Zeitpunkt waren nur noch ein paar Stare, ein Rotkehlchen und die Braunelle da. Ihre Ausdauer hatte sich gelohnt – sie war vollgefressen.

Sie flog den Hügel hinauf, am Waldrand entlang, schlüpfte in ihre grasgepolsterte Schlafhöhle und ging zur Ruhe.

Auch in dieser Nacht sank die Temperatur stetig, und klirrende Kälte setzte ein. Das durch das viele Futter aufgeheizte Blut der Braunelle kreiste durch ihren Körper und bewahrte sie vor den eisigen Klauen des Frostes. Andere Waldvögel hatten nicht gewagt, die Grenzen ihres Reviers zu überschreiten; sie hatten an den vertrauten Plätzen erfolglos nach Nahrung gesucht, zu starr an ihre Gewohnheiten gebunden, um ihre Verhaltensmuster zu ändern und sich den neuen Umständen anzupassen. Viele von ihnen erfroren in dieser Nacht.

Spät abends läutete in Brook Cottage das Telefon. Eve Conrad hatte gerade Koks im Küchenherd nachgelegt, ihn für die Nacht gedrosselt und war schon im Begriff, hinauf ins Schlafzimmer zu gehen.

Der Vizedirektor des Colleges, das ihr Sohn besuchte, brachte ihr die Nachricht schonend bei, ließ sie aber über die Schwere des Unfalls nicht im unklaren. Daniel hatte an einer Bushaltestelle gewartet, als ein Wagen auf der vereisten Straße ins Schleudern geriet und auf dem Gehsteig landete. Jetzt lag Daniel in einem Krankenhaus in London. Sein linkes Bein und die rechte Schulter waren mehrfach gebrochen, und er zwar zwei Stunden lang bewußtlos gewesen. Der Vizedirektor meinte, daß im Augenblick keine akute Gefahr bestehe, aber vielleicht wolle sie doch lieber bei ihrem Sohn sein?

Fünf Minuten später sperrte Eve das Haus zu und hob ihren kleinen, schwarz-weißen Yorkshireterrier Teddy hoch. Ihre Schuhe knirschten auf dem gefrorenen Schnee, als sie den Weg hinunterging. Sie redete Teddy beruhigend zu, während sie den Fahrweg einschlug; dann wandte sie sich nach rechts und stieg die holprige Zufahrt hinauf, die nach Little Ashden und Forge Farm führte. Sie überquerte die klobige Holzbrücke, unter der der kleine Fluß schwarz und kalt dahinströmte, und stellte erleichtert fest, daß im Erdgeschoß von Little Ashden noch Licht brannte.

Die Schleiereule, die schweigend auf einer Birke am Fluß saß, beobachtete sie, als sie vorüberging. Sie sah, wie Eve an der Tür von Little Ashden klingelte. Sie sah die Tür aufgehen und hörte das kurze, erregte Gespräch zwischen Eve Conrad und Mary Lawrence. Sie sah, wie Mary sanft Eves Arm berührte, den Hund ins Haus einließ und die Tür schloß. Ohne zu blinzeln, beobachtete die Eule noch, wie Eve die Straße hinunterging, dann wurde ihre Aufmerksamkeit von etwas Kleinem, Schwarzem gefesselt, das sich am Flußufer bewegte. Das Geschöpf verkroch sich in einem Loch.

Die Eule starrte immer noch unverwandt auf das Loch, als sie ein metallisches, durchdringendes Geräusch vernahm. Ihr Kopf fuhr herum, weil sie die Ursache des Geräusches suchte, und sie schaute über den Fluß, den schmalen Streifen Weideland und die Straße hinweg zu Mrs. Conrads baufälliger Garage, deren Tür offenstand. Der Motor des Wagens heulte nochmals auf, schien in Schwung zu kommen, hustete und starb ab. Ein neuerliches Aufheulen, der Motor sprang an und lief dröhnend weiter, als Mrs. Conrad Gas gab.

Die Scheinwerfer wurden aufgeblendet; die Eule blinzelte und wandte den Kopf ab. Das Auto fuhr langsam den Hang hinunter und bog nach links auf die Straße ein. Einen Augenblick lang drehten die Räder auf der vereisten Oberfläche durch, und der Wagen schleuderte ein wenig.

Eve Conrad beschloß, lieber sofort weiterzufahren, als stehenzubleiben und das Garagentor zu schließen. Das Scheinwerferlicht wurde von den verschneiten Hecken zurückgeworfen und streifte kurz die gespenstische Gestalt der Eule, die rasch über die Straße flog. Eve legte den zweiten

Gang ein und rollte langsam auf das ferne Dorf und die Hauptstraße zu.

Das Dröhnen des Motors, das quer durch das Tal hallte, hatte die Braunelle in ihrem Schlehdornbusch geweckt. Sie bewegte sich, plusterte ihr Gefieder und drückte sich tiefer in das trockene Gras.

Am nächsten Morgen blieb sie lang in ihrer Schlafhöhle sitzen, um die ersten kalten Stunden zu übertauchen, ehe die Sonne über die Hügel emporstieg. Auch damit verstieß sie gegen die Routine ihres bisherigen Lebens, aber sie hatte schon gelernt, daß es bei dieser Kälte schwierig war, am frühen Morgen Futter zu finden. Sie putzte ihr Gefieder sorgfältig, und als die ersten Sonnenstrahlen durch die Bäume fielen, flog sie direkt nach Brook Cottage.

Als sie dort eintraf, wimmelten die Hecken bereits von Vögeln. Sie setzte sich auf den Drahtzaun, der die Gemüsebeete vom vorderen Teil des Gartens abtrennte. Einige besonders hungrige Vögel suchten im Schnee nach Futterresten vom Tag vorher, fanden jedoch nichts. Das Gezwitscher um sie wurde immer aufgeregter, und die Braunelle stimmte mit ein, um so ihrer wachsenden Besorgnis Luft zu machen, als kein frisches Futter auftauchte.

Die Zeit verging, die Spannung nahm zu, und hier und dort brachen erbitterte kleine Auseinandersetzungen aus. Aus den Gesängen der Vögel klang Feindseligkeit, es kam zu kampfeslustigem Gekreisch und Verfolgungsjagden. Flügel wurden drohend ausgebreitet und Schnäbel warnend aufgesperrt. Die Braunelle spürte diese bedrohliche Welle der Gehässigkeit und war beunruhigt. Sie flog hinter das Haus und setzte sich auf die Hecke im Vorgarten – nahe genug, um am Tonwechsel der Gesänge erkennen zu können, ob Futter eingetroffen war, und zugleich weit genug von den momentanen Kämpfen entfernt.

Von der Hecke aus verfolgte sie den Flug eines Turmfalken über das Tal. Er war einer der wenigen Vögel, die nicht unter dem Wetter litten – im Gegenteil, die Kälte hatte Nagetiere und kleinere Vögel schwächer und unvorsichtiger gemacht. Jetzt hielt er gemächlich entlang der Telegraphenleitung, die parallel zum Fluß über das Feld verlief, nach Beutetieren Ausschau. Die Braunelle sah zu, wie er von Telegraphenmast zu Telegraphenmast flog und dann plötzlich auf den Boden hinunterstieß. Er hatte etwas erspäht. Einen Augenblick später kreiste er wieder in der Luft und suchte rüttelnd die Beute, die er beim ersten Angriff verfehlt hatte. Dann stieß er nochmals im Sturzflug hinunter. Diesmal blieb er unten.

Ein kleiner, roter Lieferwagen zuckelte langsam den Fahrweg entlang. Die Räder holperten über die Schneefurchen, als der Briefträger in die Zufahrt einbog und anhielt. Er stieg aus und ging zu Fuß nach Little Ashden und Forge Farm weiter. Der Motor des Lieferwagens tuckerte im Leerlauf, und die Braunelle nahm den scharfen, öligen Geruch von Auspuffgasen wahr. Sie würde diesem Geruch noch oft begegnen, aber heute spürte sie zum erstenmal seine beißende Schärfe in ihren Lungen.

Der Briefträger bog in den Zufahrtsweg nach Brook Cottage ein. Die Braunelle duckte sich und beobachtete ihn schweigend und regungslos, als er den Gartenweg hinaufging und einen Brief durch eine Klappe in der Tür schob. Dann trat er zurück und betrachtete das Haus. Gewöhnlich wurde er von lautem Gekläff begrüßt, wenn der Yorkshireterrier in den Vorraum stürzte, entschlossen, jeden Eindringling zu vertreiben. Heute blieb alles still, und der Briefträger wunderte sich. Die Leute auf diesem Teil seiner

Runde waren alte Freunde, die ihn oft zu einer Tasse Tee und einem kleinen Schwatz einluden. Mrs. Conrad betrachtete er als seinen besonderen Schützling, seit sie ihren Mann so plötzlich verloren hatte und Daniel aufs College ging. Er klingelte und trat dann noch einmal zurück, um zum Schlafzimmerfenster hinaufzuschauen. Der Vorhang war zurückgezogen, also mußte sie schon aufgestanden sein. Dann bemerkte er die leere Garage. Bei diesem Wetter fuhr sie bestimmt nur fort, wenn es unbedingt notwendig war. Er ging schnell nach Little Ashden zurück – Mrs. Lawrence wußte bestimmt, ob etwas geschehen war.

Die Benzindämpfe verpesteten weiterhin die klare Winterluft, und als der Briefträger fünf Minuten später zum Lieferwagen zurückkehrte, hatte sich unter dem Auspuff bereits ein schwarzer Fleck gebildet. Der Briefträger stieg ein und fuhr los. In ihrem Versteck in der Hecke rückte die Braunelle unruhig hin und her, als das rote Auto an ihr vorbeidröhnte. Als es weg war, flatterte sie von Zweig zu Zweig, bis sie ganz oben auf der Schneeschicht stand.

Sie blickte zum Fahrweg hinüber und sah eine Amsel, die von einer Erle herunterflog und in einer der Furchen, die der Wagen des Briefträgers im Schnee hinterlassen hatte, an etwas pickte. Die Leere im Magen der Braunelle machte sich schmerzhaft bemerkbar, und sie flog die Hecke entlang in den Garten hinüber. Der Tisch war immer noch leer.

Panische Angst trat an die Stelle des Hungers und zehrte an ihren Kräften. Sie wurde zusehends schwächer; sie befand sich in einem fremden Revier, umgeben von Vögeln, die jeden Augenblick zum Angriff übergehen konnten. Sie duckte sich, fast schon entschlossen, in ihre alte, vertraute Welt zurückzufliegen. Da ertönte hoch über dem zornigen Gezwitscher der Vögel um sie her der Gesang eines Artgenossen. Sie legte den Kopf schief und lauschte.

Das Lied, das da in rascher Folge wiederholt wurde, schien von der anderen Seite der Straße zu kommen. Obwohl es so leise war, konnte sie seine Aufforderung und seine Botschaft nicht überhören. Die ersten Töne der eindringlichen Melodie klangen herausfordernd und warnend und erfüllten sie mit Angst. Doch am Ende jeder Strophe folgten drei sanfte, bittende, zärtliche Töne. Als das Lied schließlich verklang, hallten diese drei Töne noch in ihrem ganzen Körper nach, bezauberten und lockten sie.

Sie flog zur Hecke, die die Einfahrt säumte, und wartete dort einen Augenblick. Der Fahrweg war eine Grenze, die sie endgültig von ihrer bekannten Welt trennen würde; die Hecke auf der anderen Seite war ein fremdes Land voll drohender Gefahren. Zweimal breitete sie zögernd die Flügel aus, als wollte sie abfliegen, ehe sie sich beim dritten Mal schließlich in die Luft erhob und wie an einer unsichtbaren Mauer beinahe senkrecht emporstieg. Etwa siebzehn Meter über dem Boden hielt sie an, und stieß dann beim Hinabgleiten eine Reihe schneller Rufe aus. Sie landete auf der gegenüberliegenden Hecke, dort, wo der Weg nach Little Ashden und Forge Farm abbog. Die Braunelle hatte die Grenze überschritten.

Sie flog die Zufahrt entlang, landete erst auf dem kleinen, weißen Tor, das zum langen Streifen Weideland führte, dann auf dem Holzgeländer der Brücke, dann auf den verrosteten Eisenpfählen des niedrigen Zauns gegenüber von Little Ashden. Teddy lag betrübt auf dem breiten Fenstersims, starrte durch die Scheiben und hoffte seine Herrin zu erspähen. Er sah, wie die Braunelle landete und sprang kläffend auf. Sein Atem beschlug die kalte Fensterscheibe, und seine Nase hinterließ einen runden dunklen Fleck in der weißlichen Nebelschicht, die er durch sein Gebell erzeugte. Theo Lawrence, der vor dem Feuer saß und las, rief ihn freundlich zu sich. Teddy vergaß die Braunelle sofort, sprang auf den Boden und lief zum Lehnstuhl. Theo hob die Zeitung hoch, und Teddy sprang auf seinen Schoß, wo er sich behaglich niederließ.

Die Braunelle flog weiter, ließ die Zufahrt hinter sich und flog quer über das Feld bis zum Fluß hinüber. Dort setzte sie sich auf einen niedrigen Busch in der Nähe des Ufers und rief. Es kam keine Antwort, nur der Fluß donnerte über die fünf Steinstufen des Wehrs hinunter. An beiden Ufern waren die herunterhängenden Äste der Bäume, soweit das hochspritzende Wasser sie erreichte, von einer Eisschicht überzogen. Das Sonnenlicht brach sich darin in allen Regenbogenfarben.

Die Braunelle flog zur Zufahrt zurück und von dort weiter zu den Scheunen der Forge Farm. Dort setzte sie sich auf die Scheibenegge, die Jim Siddy kurz zuvor aus der Scheune geholt hatte. Die schweren Reifen des Traktors, mit dem Jim gefahren war, hatten im Schnee so tiefe Furchen hinterlassen, daß die Erde darunter zum Vorschein kam, und in dem Matsch entdeckte die Braunelle Futter. Sie flog hin, fraß die zerquetschten Getreidekörner und folgte den Traktorspuren bis auf den betonierten Haupthof der Farm. Hier hatten die Reifen des Traktors und die Stiefel des Bauern, der ständig zwischen dem Farmhaus und den Scheunen unterwegs war, den Schnee teilweise zum Schmelzen gebracht. Sie hüpfte zwischen den Resten von Streu und Stallmist umher und pickte alles auf, was eßbar aussah. Das meiste mußte sie wieder fallen lassen, aber hie und da fand sie doch ein Korn.

Will, der schwere Labrador der Siddys, beobachtete sie von seiner Hütte neben der Vordertreppe aus. Aus dem Wipfel einer Buche auf dem Hang hinter dem Haus erblickte sie auch der Falke, aber er hatte gerade eine Maus gefressen, die er auf den Feldern geschlagen hatte, und war nicht mehr hungrig. Vertieft in ihre Futtersuche hüpfte die Braunelle bis zum Eingang eines Stalls und zuckte zusammen, als sich drinnen etwas bewegte. Sie schaute auf und sah einen großen einjährigen Sussex-Ochsen, der auf sie herabglotzte. Der Ochse hatte seinen Kopf zwischen den Stäben des Eingangstors hindurchgezwängt und steckte jetzt fest. Der warme Atem aus seinen feuchten Nüstern dampfte in der kalten Luft, und er verdrehte die Augen, während er sich mit aller Kraft aus der Klemme zu ziehen versuchte. Er rüttelte so heftig an dem Tor, daß die Bretter klapperten, und die Braunelle floh über den Hof und landete auf dem Gartentor.

Plötzlich klang der Gesang wieder an ihr Ohr – näher und überraschend laut. Die Töne gingen so schnell ineinander über, daß sie beinahe zu einem einzigen, langgezogenen Ton voll verborgener Melodie verschmolzen. Der Gesang kam vom Dach eines langen Gebäudes, an dem sie vorhin entlanggeflogen war, und jetzt lockte er sie aus dem Hof und an den Darren vorbei. Sie setzte sich auf den Schnee. Von hier unten betrachtet stand die Sonne scheinbar direkt über dem Dachfirst, und der Gesang schien aus dem Zentrum dieser Lichtquelle zu kommen. Die Sonne sang, und ihre Stimme war die Stimme eines Artgenossen.

Als sich die Augen der Braunelle an die Helligkeit gewöhnt hatten, machte sie eine kleine Gestalt am Ende des Dachfirstes aus. Diese Gestalt sang, zitternd vor Leidenschaft, und ihre Flügel flatterten, so daß die Sonne durch ihren Körper zu scheinen schien. Die Brust der Braunelle hob und senkte sich, ihre Flügel bewegten sich von selbst und trugen sie, ehe ihr klar wurde, was sie tat, auf das Dach hinauf. Als sie den First erreichte, verwandelte sich der Gesang plötzlich in ein aufgeregtes Gezwitscher von Angst- und Warnrufen. Sie schlug einen Haken, überflog den zwitschernden Artgenossen und strich nochmals am Dach entlang, bevor sie wagte, sich am anderen Ende auf den First zu setzen.

Hier oben war der Schnee geschmolzen, und sie blickte über die rote Ziegelbahn zu dem anderen Vogel hinüber. Es war ein männlicher Artgenosse, und seine Schönheit erfüllte sie mit Freude und Furcht. Die Sonne glitzerte auf seinem dunklen, harten, spitzen Schnabel, und sie spürte beinahe die scharfen, tiefen Hiebe, mit denen er sie überwältigen konnte. Die frischen Federn auf seinem Rücken und seinen Flügeln strahlten in leuchtenden Farben, und die kräftigen braunen und schwarzen Streifen ließen ihn größer aussehen, als er war; er glich fast einem Raubvogel. Und doch wirkten die schiefergrauen Federn an seinem Hals und seiner Brust so weich, daß sie sich danach sehnte, unter ihnen zu liegen und zu dem Vogel aufzublicken, wie sie als Nestling zu ihrer Mutter aufgeblickt hatte.

Dann griff das Männchen unerwartet, ohne Warnung, halb laufend und halb fliegend an. Er kam in kurzen, ruckartigen Sprüngen auf sie zu, hielt den Kopf gesenkt und zuckte mit Flügeln und Schwanz. Die raschen Bewegungen seines Körpers verschwammen ineinander, so daß er nach jedem Sprung zu verschwinden schien. Während er sich tänzelnd näherte und dabei immer größer wurde, beobachtete ihn das Weibchen reglos und tief beeindruckt. Erst als sein rhythmisch zustoßender Schnabel beinahe ihre Kehle traf, ließ sie sich zur Seite fallen und flog über die geneigte Dachfläche von dem Gebäude fort.

Hinter sich hörte sie wildes Flügelschlagen und ein hohes, schimpfendes Gezeter. Er folgte ihr. Sie drehte und wendete, flatterte über die Zufahrt, zwischen den Holzlatten des Zaunes hindurch und über die schneebedeckte Weide zum Fluß. Er schoß von links auf sie zu; statt ihm auszuweichen, beschrieb sie einen Bogen, flog direkt auf ihn zu und zwang ihn dadurch, unter ihr durchzutauchen. Dadurch geriet er zu tief hinunter und landete hart auf dem Schnee, während sie davonflog und sich auf einen Haselnußstrauch am Flußufer setzte.

Ihr Herz schlug wild vor Freude und Aufregung über die Jagd. Das war ganz etwas anderes als ein Streit mit einem anderen Vogel; die Angst, die sie empfand, war erregend, und in den Tönen, die sie ihm entgegenschmetterte, vibrierten Verwirrung und Entzücken. »Komm. Geh. Komm. Geh. Geh. Komm. Komm.« Er antwortete sofort mit einem herausfordernden Triller, der jedweden Eindringling abschrecken sollte. Das war sein Revier, und um das zu beweisen, sprang er in die Luft und überflog ihren Sitzplatz. Seine Flügelspitzen strichen über ihre Augen, und sie verlor beinahe den Halt. Er landete auf dem Ast über ihr, stieß heftige, kreischende Töne aus, und auf einmal veränderten sich ihre Gefühle. Er meinte es ernst – er drohte wirklich, auch ihr. Er würde sie jagen, gegen sie kämpfen, sie sogar töten, wenn sie sein Revier nicht verließ.

Entsetzt schoß sie aus dem Busch. Mit wilden Flügelschlägen folgte sie dem Flußlauf, doch ihre Kraft ließ rasch nach, während sie Haken schlug, im Zickzack flog und verzweifelt versuchte, ihm zu entkommen. Bei jeder Wende, die sie vollführte, holte er sie ein, bedrohte sie abwechselnd von oben und von unten und stieß dabei unaufhörlich schrille Drohrufe aus.

Sie strich über das Wehr, flog durch den feinen Sprühnebel, der darüber aufstieg, und hatte plötzlich die Holzbrücke vor sich. Sie glitt darunter durch, bremste und landete auf einem der Stützbalken, als ihr auf einmal klar wurde, daß das Männchen die Verfolgung aufgegeben hatte. Sie blieb schwer atmend hocken; das Blut pochte in ihrem Kopf. Unter ihr toste schäumend der Fluß und übertönte mit seinem

Rauschen und Gluckern alle anderen Geräusche. Sie schaute ängstlich zurück, entdeckte aber keine Spur von dem Männchen. An einem der Bretter über ihrem Kopf wuchs ein Stück Moos, und sie pickte automatisch daran. Sie war hungrig und müde, und die vom Wasser aufsteigende kalte Luft drang ihr bis in die Knochen.

Sie wartete noch eine Weile, dann beugte sie sich erschöpft vor und flog auf. Als sie auf der anderen Seite der Brücke in das helle Licht hinauskam, stürzte sich das Männchen von dem Geländer, auf dem es gewartet hatte, auf sie. Sie nahm ihre ganze Kraft zusammen, zwang ihre müden Muskeln, sich zu bewegen, und stieg nach rechts, weg vom Fluß, in Richtung auf Little Ashden in die Höhe. Das Männchen folgte dicht hinter ihr und trieb sie am Haus vorbei und über den Garten. Sie versuchte im Zickzack zur Zufahrt zu entfliehen, aber er war schneller, er flog jetzt neben ihr, und seine schrillen Schreie drangen ihr schmerzhaft in die Ohren.

Der Schmerz in den Schultern krampfte ihre Muskeln zusammen, und sie wußte, daß sie nicht weiterfliegen konnte. Erschöpft landete sie wieder dort, wo die Jagd begonnen hatte, auf dem Dach des langen Nebengebäudes. Das Männchen setzte unterhalb von ihr auf, drehte sich um und griff an. Alle Instinkte drängten sie zur Flucht, doch der Körper gehorchte nicht mehr. Ihre Beine waren schwach und zittrig, sie schwankte, und als er angriff, duckte sie sich, warf den Kopf zurück und ihrem weit geöffneten Schnabel entrang sich ein schwaches, flehendes Piepsen. Das war das Zeichen bedingungsloser Unterwerfung, ein Eingeständnis völliger Hilflosigkeit und Abhängigkeit, wie sie sie zuletzt gefühlt hatte, als sie ihre Eltern im Nest um Futter angebettelt hatte.

Das Männchen richtete sich auf. Es blähte die Brust und breitete die Flügel aus, bis das Weibchen nur noch ihn über sich sah und das Gefühl hatte, sich nicht mehr vor ihm retten zu können. Einen Augenblick lang war sie zwischen dem Verlangen, sich zu wehren, und dem Verlangen, sich zu unterwerfen, hin und her gerissen. Dann plusterte das Männchen die Halsfedern auf, und ein Beben durchlief seinen Körper. Er wich zurück, stieß drei reine, weiche Töne aus und flatterte über das schneebedeckte Dach außer Sichtweite.

Sie blieb einen Augenblick mit vorgestrecktem Hals und geöffnetem Schnabel hocken, dann richtete sie sich auf und sah sich um. Er war fort. Sie drehte sich um und schaute nach Brook Cottage hinüber. Der Wind zauste ihre Federn, und dunkle Wolken stiegen über dem Wald hinter dem Haus auf. Während sie hinsah, begannen die Wolkenränder die Sonne zu verdunkeln.

Der Wind setzte wieder ein, stärker als zuvor; sie hüpfte über die schneebedeckte Dachschräge hinunter, setzte sich auf den Rand der vereisten Dachrinne und hielt nach dem Männchen Ausschau. Es war nirgends zu sehen, aber plötzlich kam seine Stimme von irgendwo unterhalb von ihr. Sie glitt auf den Boden, drehte den Kopf in alle Richtungen und suchte ihn. Jetzt kam seine Stimme von oben, und sie blickte hinauf. Er saß in einem kleinen, dreieckigen Loch in der Glasscheibe eines kleinen Fensters, das sich hoch oben in der Mauer befand. Er trillerte kurz und einladend, schoß dann aus dem Fenster hervor, machte unvermittelt kehrt und flog zum Fenster zurück. Jetzt schaute er in das Gebäude hinein. Er hielt sich auf der Kante der zerbrochenen Scheibe im Gleichgewicht, wippte mit dem Schwanz und verschwand im Inneren des Gebäudes.

Einen Augenblick später drang seine Stimme schwach und gedämpft an ihr Ohr. Sie zog den Kopf ein, sah den Weg entlang und dann wieder zu dem Loch hinauf. Aus dem Hof der Forge Farm erschallte ein dröhnendes Geräusch, als Jim

Siddy seinen Traktor startete. Sie schaute hin, sah, wie der Traktor an der Scheune vorbeirollte und dahinter verschwand, als Jim ihn in den Schuppen zurückfuhr. Das tukkernde Geräusch verstummte, und die Braunelle wandte sich neuerlich dem Fenster zu. Das Männchen war wieder da und sah sie an. Er pfiff noch einmal sein kurzes, einladendes Lied, dann umflatterte er mehrmals das Loch in der Scheibe und zuckte ein paarmal auffordernd mit dem Schwanz, bevor er darin verschwand.

Diesmal folgte sie ihm, flog zum Fenster hinauf und versuchte, die Breite des Loches abzuschätzen. Als sie es erreichte, streckte sie die Beine vor und neigte den Körper nach hinten. Ihre Zehen umklammerten den Rand des Glases, sie schlug wild mit den Flügeln und schaffte es, den Kopf durch das Loch zu stecken. Im letzten Augenblick faltete sie die Flügel und schob ihren Körper hindurch, bis sie seitlich Halt an den brüchigen Kittstückchen fand, die noch am Rahmen klebten.

Die Luft im Raum war warm, süß und staubig und erinnerte sie an die reichen Erntetage am Ende des Sommers. Irgendwo aus der Dunkelheit der duftenden Wärme rief die Stimme des Männchens. Sie ahmte bewußt sein Schwanzwippen nach, stieß sich ab und flog auf ihn zu.

Draußen trieben einige winzige Schneeflocken im auffrischenden Wind am Fenster vorbei. Sie kündigten den wiedereinsetzenden Schneefall und den Beginn des schlimmsten Schneesturms seit Menschengedenken an.

3

Futter im Lagerraum – Der Schneesturm schneidet das Tal von der Außenwelt ab – Flug in eine veränderte Welt – Das Leben auf Forge Farm: Theo hilft Jim Siddy

Habt ihr was, so eßt es,
Habt ihr nichts, vergeßt es.
Habt ihr ein Stückchen Brot,
So teilt es mit der Not,
Und habt ihr noch ein Brosämlein,
So streuet es den Vögelein.

Kinderreim

In dem großen Raum, in den die Braunelle geflogen war, lagen die Heuballen, die Jim Siddy im Sommer als Winterfutter für sein Vieh gemäht und getrocknet hatte. Im Herbst war die Scheune voll gewesen, aber jetzt war der halbe Vorrat bereits verbraucht. Die restlichen Ballen waren drei Meter hoch und zwei Meter tief an der Rückwand aufgestapelt.

Sie landete auf einem der drei Balken, die einen halben Meter unterhalb der Decke den Raum durchzogen. Das Männchen saß auf dem Boden, wo es zwischen den Heuhalmen herumstöberte und offenbar reichlich Futter fand. Trotz ihres Hungers war die Braunelle zu eingeschüchtert, um zu ihm hinunterzufliegen. Sie hatte sich noch nie im Inneren eines Gebäudes befunden, und obwohl es warm war und offenbar keine Gefahren drohten, machte der geschlossene Raum ihr Angst. Außerdem war das hier das Revier des Männchens – sein riesiger, beeindruckender Schlafplatz –, und es war sein Futter.

Nach einiger Zeit faßte sie sich jedoch ein Herz, flog hinunter und landete in sicherer Entfernung von ihm auf dem Boden. Er blickte auf und sah sie einen Augenblick lang an, dann suchte er weiter. Auf dem Boden vor ihr lag das von Samen strotzende spitze Köpfchen eines Spitzwegerichs. Spitzwegerichsamen fraß sie besonders gern, und so konnte sie der Versuchung nicht widerstehen. Sie pickte einen Samen auf, dann hob sie den Kopf und schaute zum Männchen hinüber. Dabei erspähte sie zu ihrer Linken ein weiteres Spitzwegerichköpfchen und dahinter noch eines. Der ganze

Boden war damit bedeckt. Der Anblick dieser Futtermassen und die unveränderte Gleichgültigkeit des Männchens ließen sie ihre Angst schließlich vergessen, und sie begann zu fressen.

Draußen fiel dichter Schnee, den der Sturm emporwirbelte und dann schräg über den Boden trieb. Der Wind war so stark, daß die großen Flocken wie kleine Schneebälle an der Seitenwand von Little Ashden zerplatzten. Mary Lawrence, die gerade einen Kuchen buk, blickte von ihrer Arbeit auf und stellte überrascht fest, daß das Küchenfenster zugeschneit war. Die Wärme in der Küche brachte die direkt am Glas haftende Schneeschicht zum Schmelzen, die nun langsam die Scheibe hinunterglitt.

Brook Cottage hingegen war kalt und leer, und der Schneesturm verwehte bald alle nach Osten gehenden Fenster, so daß sie blind auf das Tal hinausstarrten. Die Vögel, die hoffnungsvoll auf Eve Conrads tägliche Fütterung gewartet hatten, waren zu ihren Schlafplätzen zurückgekehrt. Es blieb ihnen nichts anderes übrig, als von Hunger gepeinigt dort den Sturm abzuwarten, bevor sie sich wieder auf Futtersuche begeben konnten. Mehr als die Hälfte von ihnen würde diese Wartezeit nicht überleben.

Auf Forge Farm mußte Jim Siddy beim Ausmisten des Kälberstalles die Tür schließen, weil der Wind Schnee in den Stall trieb. Die Windstöße zerrten und rüttelten an den losen Brettern, und die Kälber drängten sich an der Rückwand des Stalles aneinander. Die beiden Glühbirnen schwangen an ihren langen Drähten hin und her und erzeugten unruhig tanzende Schatten an den Wänden. Jim schaufelte den Mist in einen Schubkarren, schob ihn zur Tür und öffnete den Türriegel. Der Wind drückte die Tür auf, und Schnee wirbelte herein. Der Misthaufen war bestimmt schon zugeschneit, und um bei diesem Wetter weiterzuarbeiten, war Jim nicht warm genug angezogen. Darum beschloß er, den Schubkarren einfach stehenzulassen, und nachdem er die Stalltür sorgfältig verriegelt hatte, stapfte er mit gesenktem Kopf durch den Blizzard auf das Haus zu.

Die Braunelle, die sich im Lagerhaus inzwischen sattgefressen hatte, flog auf den Balken hinauf und betrachtete das Loch in der Fensterscheibe. Der Sturm heulte durch die Öffnung und wehte Schneeflocken herein, die auf dem Boden schmolzen. Sie verspürte zwar Sehnsucht nach ihrem vertrauten Schlafplatz, doch das Wüten des Sturmes draußen, die Nahrung und die Wärme, die sie hier gefunden hatte, und die Anwesenheit des Männchens drängten sie, zu bleiben. Sie hüpfte auf dem Balken zum Fenster hin, bis der eisige Luftzug ihr Gefieder zerzauste. Sie blickte zum Männchen hinüber. Er saß behaglich auf einem Sims, dort, wo die schrägen Dachsparren an die Wand stießen. Er hatte die Schultern hochgezogen und den Kopf unter dem Flügel versteckt, so daß sein Schnabel nicht zu sehen war. Er hob schläfrig den Kopf und rief – es waren zwei sanfte, perlende Töne, die von Wärme, Behaglichkeit und Gemeinschaft sprachen. Das genügte. Sie breitete die Flügel aus und flog zu ihm.

Zwei Stunden später standen sie nebeneinander auf dem Sims und hörten, wie Jim Siddys Landrover den Weg entlangfuhr. Er und Jill hatten überlegt, ob sie Freunde im Dorf anrufen und sie bitten sollten, ihre Töchter Amy und Rosa von der Schule abzuholen und über Nacht bei sich zu behalten. Schließlich hatte Jim jedoch beschlossen, sich auf die schweren Winterreifen und den Vierradantrieb des Landrovers zu verlassen und selbst zur Dorfschule zu fahren. Fast wäre er nicht mehr durchgekommen, und er hatte für die sieben Kilometer hin und zurück volle eineinhalb Stunden gebraucht. Als die Lichtkegel seiner Scheinwerfer endlich das dichte Schneetreiben im Hof durchbrachen, stürzte Jill erleichtert aus dem Haus, um Mann und Kinder in die Arme zu schließen.

Für mehr als eine Woche sollte es keinem Fahrzeug mehr gelingen, die Straße zu befahren.

Der Schneesturm wehte sechsunddreißig Stunden lang ohne Unterbrechung. Als es endlich zu schneien aufhörte, hatte sich das Tal in eine fast einheitlich weiße Fläche verwandelt. Hecken und kleinere Büsche waren verschwunden, und die Äste der Bäume knackten und stöhnten unter der Schneelast.

Brook Cottage, das am Westhang des Tales lag, war am schwersten betroffen: An der Vorderseite hatte sich der Schnee beinahe bis zu den Fenstern des ersten Stockwerks aufgetürmt. Vor allem die überdachte Eingangstür hatte sich als ausgezeichneter Windfang erwiesen: Wäre Eve Conrad dagewesen, so hätte sie bei dem Versuch, die Eingangstür zu öffnen, einer massiven, mehr als einen Meter dicken Mauer aus angewehtem Schnee gegenübergestanden. Auch die Garage war voll Schnee, den der Wind durch die offengebliebene Tür hereingetrieben hatte. Im Garten ragte nur noch der Wipfel des Apfelbaums aus dem Schnee, während der Vogeltisch so tief darunter begraben war, daß man überhaupt nichts mehr von ihm sah.

Die achtzig Meilen entfernte, auf der anderen Talseite liegende Forge Farm war nicht so tief eingeschneit worden, weil sie durch den steilen, baumbestandenen Felshang hinter dem Haus vor dem direkten Ansturm des Ostwinds geschützt wurde. Es war Jim gelungen, zwischen Haus und Stall einen schmalen Trampelpfad freizuhalten, indem er immer wieder hin und her ging, um das Vieh zu versorgen.

Kaum hatte der Blizzard sich endlich ausgetobt, ging Jim in den Hof hinaus und machte sich an die langwierige Aufgabe, einen Pfad zum Lagerhaus auszuschaufeln.

Ein Krähenschwarm kreiste über dem Tal und protestierte laut und aufgeregt krächzend gegen die Veränderung der vertrauten Umgebung. Von oben gesehen war der einzige noch verbliebene Orientierungspunkt der Fluß, der sich schwarz durch eine weiße Wildnis wand.

Zwei Stunden später hatte Jim endlich einen schmalen Weg bis zum Lagerhaus freigeschaufelt. Er stieß die Tür auf und duckte sich überrascht, als die beiden Braunellen in panischer Angst an seinem Kopf vorbeiflogen. Nach der langen Isolation hatten der Lärm und der plötzliche Lichteinfall sie erschreckt, und der Anblick, der sich ihnen draußen bot, stürzte sie in noch größere Verwirrung. Das Männchen flog instinktiv zu seinem gewohnten Sitzplatz, dem Zaun jenseits des Weges, und stellte fest, daß dieser verschwunden war. Überrascht landete er auf dem Schnee, wo seine Füße sofort in die weiche Oberfläche einsanken. Das Weibchen war seinem Beispiel gefolgt, und einen Augenblick lang schlugen beide wie wild mit den Flügeln und überschütteten einander mit Schnee, bis es ihnen gelang, wieder aufzufliegen.

Da das Männchen nicht wagte, noch einmal auf der trügerischen, weichen Oberfläche zu landen, flog es in großem Bogen über die Weide zum Fluß, um irgendwo einen festen Landeplatz zu finden. Das Weibchen folgte ihm. Er hatte ihr Futter und einen sicheren Schlafplatz gezeigt, und jetzt vertraute sie sich unter den neuen, verwirrenden Bedingungen seiner Führung an. Sie schlüpften durch das Labyrinth der schneebeladenen, hinuntergebogenen Zweige am Ufer des Flusses und flogen dann stromabwärts auf die Brücke zu. Als sie sich ihr näherten, stieg das Männchen höher und überflog sie, doch das Weibchen erinnerte sich undeutlich an den Sitzplatz, den sie dort gefunden hatte, tauchte hinunter und landete auf der Strebe.

Sie ruhte sich einige Sekunden aus, doch als das Männchen nicht auftauchte, flog sie wieder hinaus. Er kreiste über der Brücke, mit sichtlich rasch erlahmenden Kräften. Sie rief ihn, kehrte unter die Brücke zurück und setzte sich wieder auf die Strebe. Einen Augenblick später kam ihr das Männchen nach. Schwer atmend vor Anstrengung musterte er den Sitzplatz, den sie gefunden hatte. Er trillerte zustimmend und begann sein Gefieder zu putzen, wobei er sich vor allem auf die erste und zweite Reihe der Schwungfedern an seinen Flügeln konzentrierte. Der nach der langen Ruhepause unerwartet anstrengende Flug und die vorangegangene Bruchlandung im Schnee hatten seine Federn in Unordnung gebracht. Auch das Weibchen verdrehte den Hals und begann ihre Rückenfedern zu glätten und dann die Schwanzfedern durch den Schnabel zu ziehen, die bei ihrem Sturz in den Schnee durcheinander geraten waren.

Seite an Seite knabberten, zogen und zupften sie ihr Federkleid zurecht. Dann verbrachte das Männchen noch einige Zeit damit, sein Brustgefieder aufzuplustern und mit dem Schnabel am unteren Ende der dunkelgrauen Federn nach Milben zu suchen. Inzwischen flog das Weibchen unter der Brücke hervor und beschrieb ein paar rasche Kreise über dem Fluß. Jedesmal, wenn sie sich wieder auf die Strebe setzte, stieß sie vor Freude über den ausgezeichneten Sitzplatz einen kurzen Freudentriller aus. Das war ein Zeichen, das sie beide verstanden, und das ihre Beziehung unmerklich veränderte. Sie hatte in einer Welt, in der es schwierig war, sichere Sitzplätze zu finden, einen sicheren Sitzplatz entdeckt, und er war ihr gefolgt.

Als sie zum Lagerhaus zurückkehrten, hatte Jim inzwischen die vier Heuballen, die er brauchte, herausgeholt und sie auf dem Schlitten der Mädchen den tiefen, schmalen Weg hinaufgezogen. Samen und Heubüschel lagen vor der Tür und auf dem Weg verstreut. Eine halb verhungerte Vogelschar, hauptsächlich Stare und Amseln, hatten sie gefunden und pickten und stritten nun darum auf dem Boden des steilwandigen Grabens. Die Braunellen flogen über sie hinweg und schlüpften durch das kleine Loch in der Scheibe. Das Männchen setzte sich auf den Balken in der Nähe des Fensters, um jeden Vogel zu vertreiben, der ihnen folgen wollte. Ein paar Drosseln hatten die Braunellen hineinfliegen sehen, doch das Loch war viel zu klein für sie. Nur ein kleiner Vogel, eine Kohlmeise, kam neugierig heraufgeflogen und wurde von den lauten Warnrufen des Männchens sofort wieder vertrieben. Sie kehrte auf den Boden zurück und kämpfte mit den anderen um das Futter. Bald war alles aufgefressen, die Vogelstimmen entfernten sich in Richtung des Farmhauses und die Braunellen blieben ungestört.

Als Jill Siddy das Haus verließ, bemerkte sie die vielen Vögel, die im Hof nach Nahrung suchten und beschloß, ihnen später Futter zu streuen. Sie schaute nach Little Ashden hinüber. Die Lawrence hatten kein Telephon, und Jill hätte gern gewußt, ob bei ihnen alles in Ordnung war. Sie war beruhigt, als sie sah, daß im Haus Licht brannte und Rauch aus dem Kamin stieg.

Die Lawrence waren tatsächlich glücklich und zufrieden. Ungeachtet seiner neunundsechzig Jahre genoß Theo Lawrence dieses Abenteuer wie ein Kind. Es hatte ihm Spaß gemacht, einen kurzen Weg von der Küche zum Kohlenschuppen freizuschaufeln, und als er jetzt am Wohnzimmerfenster stand und zusah, wie die Dunkelheit immer mehr Einzelheiten verschluckte, konnte er sich ein vergnügtes Lächeln nicht verkneifen. Draußen würde die kommende Nacht bitter kalt werden, aber drinnen brannte ein behagliches Feuer, seine Frau saß im Lehnstuhl und las, und Teddy hatte sich zu ihren Füßen zusammengerollt. Theo zog die Vorhänge zu.

Die Braunellen im Lagerhaus schliefen schon.

In der dreizehn Kilometer entfernten Stadt brachen Schneepflüge und Lastwagen zum nächtlichen Einsatz auf, um wenigstens die wichtigsten Straßen in der Nähe des Zentrums frei zu machen. Es dauerte eineinhalb Tage, bis sie die Stadt soweit geräumt hatten, daß sie daran gehen konnten, über die lahmgelegten Hauptstraßen langsam auch auf das Land vorzudringen. Weitere zwei Tage später erreichten sie endlich das Dorf, aber sie hatten noch viele Kilometer Hauptstraßen und wichtige Nebenstraßen zu räumen, bevor sie sich mit dem unwichtigen Fahrweg in das Tal befassen konnten, der deshalb weiterhin unpassierbar blieb.

Eve Conrad hatte nur ein paar Tage in London bleiben wollen, doch als sie die Siddys anrief und erfuhr, daß das Tal immer noch von der Außenwelt abgeschnitten war, freute sie sich, einen guten Grund zu haben, bei Daniel zu bleiben. Sein Bein war genagelt worden und steckte nun in einem Streckverband, weil es mindestens einen Monat lang stillgelegt werden mußte. Aber zum Glück hatte es keine Komplikationen gegeben, und obwohl er noch Schmerzen hatte, war Daniel recht fröhlich und gut gelaunt.

Jill lief zu den Lawrence hinüber, um ihnen die gute Nachricht zu überbringen. Jim hatte endlich einen Weg nach Little Ashden ausgeschaufelt, und obwohl sie vom Rest der Welt abgeschnitten waren, herrschte zwischen den beiden Häusern reger, freundschaftlicher Verkehr. Es machte Theo den größten Spaß, sich warm einzupacken und Jim bei der

Arbeit auf der Farm zu helfen. Jeden Tag saßen die beiden Familien am großen Küchentisch in Forge Farm und aßen gemeinsam, was Jill für sie gekocht hatte.

Jim war bald dahinter gekommen, daß die Braunellen sich in seiner Scheune häuslich niedergelassen hatten, und er achtete darauf, sie so wenig wie möglich zu stören. Wenn er jetzt das Tor langsam öffnete, flatterten die beiden Vögel nur kurz auf, setzten sich dann auf ihren Balken und sahen zu, wie er die Heuballen hinausschaffte. Obwohl sie damit zufrieden waren, den größten Teil des Tages in der Scheune nach Futter zu suchen, verließen sie täglich gegen Mittag für drei bis vier Stunden ihren Schlafplatz. Diese Zeit verbrachten sie meistens bei der Brücke, putzten ihr Gefieder und unternahmen kleine Flüge am Flußufer, um die Tragfähigkeit ihrer Flügel zu erproben. Außerdem entdeckten sie einen weiteren schneefreien Sitzplatz in den runden Öffnungen, in denen sich die Ventilatoren der Darren befanden. Normalerweise hätten die Braunellen niemals einen so hoch gelegenen Sitzplatz aufgesucht, sondern Schlupfwinkel in Bodennähe vorgezogen, aber sie mißtrauten dem Schnee immer noch und genossen es, aus sicherem Abstand die Aktivitäten im Hof von Forge Farm zu beobachten.

Jill hatte ihren Entschluß, den Vögeln morgens und nachmittags Futter zu streuen, nicht vergessen. Im Tal herrschte nun eine so entsetzliche Hungersnot, daß bis Sonnenuntergang Scharen von Vögeln den Hof bevölkerten. Sogar sehr scheue Arten wurden durch das unaufhörliche Gezwitscher und Gezeter am Futterplatz aus ihren Verstecken gelockt, und Jill beobachtete sie, so oft sie dazu Zeit hatte. Sie geriet in Begeisterung, wenn seltene Vögel wie Grünspechte und Kleiber zum Futterplatz kamen, aber ihre Lieblinge waren die Blaumeisen. Nur die gefleckten Stare konnte sie nicht leiden, denn in ihrer aggressiven Gier ließen sie viele kleine, scheuere Vögel nicht an das Futter heran.

Abends gegen fünf waren Jim und Theo mit der letzten Arbeit – dem Ausmisten des Kälberstalls – fertig und versperrten die Tür für die Nacht. Ihr plötzliches Auftauchen im Hof verscheuchte die letzten Vögel, deren Schlafstellen sich in der Nähe befanden und die in der Dämmerung noch immer nach Futter suchten. Jim begleitete Theo täglich den vereisten Weg nach Little Ashden hinunter; er behauptete, daß er dabei gleich überprüfen könne, ob die Türen der Nebengebäude geschlossen seien. Wenn Jim dann nach Hause kam, kribbelten seine Wangen von der Kälte, und der goldene Schein, der durch das Küchenfenster auf den Schnee fiel, war eine unwiderstehliche Aufforderung, es sich drinnen in der Wärme gutgehen zu lassen.

Viel später dienten dann die Lichter von Little Ashden und Forge Farm dem Fuchs als Leuchtfeuer, wenn er dem Tal seinen nächtlichen Besuch abstattete. Er schlug immer den gleichen Weg ein, schlich durch den Birkenwald oberhalb von Brook Cottage und blieb dann einen Augenblick auf der Hügelkuppe stehen, so daß sein roter Pelz im Mondlicht silbern schimmerte. Die Hoffnung auf Nahrung lockte ihn in die Nähe der beleuchteten Häuser; vorsichtig schätzte er die Gefahren des vor ihm liegenden offenen Geländes ab, bevor er lossprintete. Die Schneedecke war hart gefroren, und seine Pfoten sanken kaum ein, wenn er, schlank und behende, mit wehender Rute den Hang zur Zufahrt hinunterfegte.

Eines Nachts wagte er sich auf den Weg, den Theo um Little Ashden ausgeschaufelt hatte, und schnüffelte an dem Mülleimer neben der Küchentür. Er stellte sich auf die Hinterbeine und stemmte die Vorderpfoten gegen den Eimer. Der Eimer schwankte, blieb einen Augenblick lang auf der

Kante in der Schwebe und fiel dann um. Der Deckel rollte davon, und noch bevor er liegen blieb, steckte der Fuchs seinen Kopf in den Eimer und wühlte im Abfall. Theo hörte den Lärm, und als er in die Küche kam und das Licht einschaltete, floh der Fuchs die Zufahrt hinunter und über den Fahrweg zum Fluß. Ein andermal erschreckte er die beiden Braunellen, als er mit den Krallen am Holztor des Lagerhauses scharrte. Er war der Fährte einer Maus bis zu einem schmalen Schlitz am unteren Rand des Türrahmens gefolgt und hatte an dem verfaulenden Holz gekratzt, in der vergeblichen Hoffnung, daß er damit die Maus ins Freie treiben könnte.

In den meisten Nächten lief er jedoch direkt zum Hof der Forge Farm, wo er gute Aussichten hatte, Mäuse oder Ratten aufzuspüren, die in der Umgebung der Ställe nach Futter suchten. Mit gespitzten Ohren und wachsamem Blick duckte er sich in den Schatten der Gebäude und lauerte auf die geringste Bewegung auf dem schneebedeckten, im Mondlicht schimmernden Boden. Es war ein gutes Jagdrevier, und meist mußte er nicht lange auf Beute warten. Mit vollem Bauch kehrte er dann auf dem gleichen Weg zurück – ein grauer, geschmeidiger Schatten gegen das glitzernde Weiß – und hinterließ nur ein kleines Fleckchen aufgewühlten und blutbefleckten Schnees als Andenken an seinen Besuch.

Eine Woche nach dem Abflauen des Schneesturms begannen die getreulich geteilten Vorräte auf Forge Farm und Little Ashden auszugehen. Jimmy hatte von Tag zu Tag darauf gewartet, daß der Schneepflug kommen und den Fahrweg räumen würde; mit Theos Hilfe hatte er die Zufahrt freigeschaufelt, damit der Landrover sofort ins Dorf fahren konnte. Aber der Schneepflug war nicht gekommen; die Schneedecke war so hoch, daß man nicht einmal die Hecken zu beiden Seiten des Weges sah. Schließlich rief Jim den Gemeinderat an und setzte ihm den Ernst der Lage auseinander. Der zermürbte Beamte versprach ihm, sein Möglichstes zu tun.

Am späten Nachmittag des nächsten Tages arbeiteten Jim und Theo gerade im Stall, als sie in der Ferne das Dröhnen eines Motors hörten. Sie liefen den Weg hinunter und kamen gerade zurecht, um zu sehen, wie der große, gelbe Schneepflug vorbeibrauste und dabei einen Schneeberg auf die Zufahrt schob, die sie freigeschaufelt hatten. Der Fahrweg war jetzt geräumt, aber bevor sie mit dem Landrover hinausfahren konnten, mußten sie sich durch einen zweieinhalb Meter hohen Schneewall graben. Die Männer starrten ungläubig auf ihre zunichte gemachte Arbeit, dann legte Theo Jim die Hand auf die Schulter und begann zu lachen. Wäre Jim allein gewesen, hätte er es nicht so leicht genommen, so aber machte er eine komisch verzweifelte Handbewegung und lachte mit.

Sie gingen zurück, holten ihre Schaufeln und machten sich sofort an die Arbeit, um noch vor Ladenschluß ins Dorf fahren zu können. Die Arbeit war schwer, aber Theo freute sich, weil er mit Jim Schritt halten konnte. Seit er vor einigen Jahren in Pension gegangen war, hatte er sich an ein bequemes Leben gewöhnt; die letzte Woche hatte ihm wieder Appetit auf körperliche Betätigung gemacht. Das hatte er Jim erst am Tag zuvor gestanden und ihm halb im Scherz seine Dienste angeboten, falls Jim ihn auch nach der Krise noch brauchen konnte. Jim hatte das Angebot sofort begeistert angenommen, und Theo hatte sich darüber gefreut und sich geschmeichelt gefühlt.

Für Jim war es eine ideale Lösung. Es war schwierig und anstrengend, eine kleine Farm zu betreiben, und er bedauerte oft, daß er keinen verläßlichen Helfer hatte, aber er hatte sich nie eine Hilfskraft leisten können. Während der letzten Woche hatten ihn Theos Begeisterung und Tatkraft in Staunen versetzt. Die beiden hatten sich richtig angefreundet, und Jim konnte nicht nur die Arbeitslast mit Theo teilen, sondern auch einige seiner Probleme mit ihm besprechen. Daher war Jim, als Theo ihm vorsichtig seinen Vorschlag unterbreitete, mit echter Begeisterung und Freude darauf eingegangen.

Nach einer halben Stunde harter Arbeit hatten die beiden Männer eine Bresche durch die Schneemauer geschlagen und fuhren mit dem Landrover ins Dorf, um Vorräte einzukaufen. Die Zeit der Isolation war vorüber.

Eve Conrad kommt nach Hause – Es taut – Der Kuckuck trifft seine Vorbereitungen – Die Braunellen bauen ein Nest – Die Ratte greift ein

Auf der Flur erscheinen die Blumen;
die Zeit zum Singen ist da.

Das Hohelied, 2, 12

Alles hat seine Stunde. Für jedes Geschehen unter dem Himmel gibt es eine bestimmte Zeit.

Prediger, 3, 1

Obwohl die kleine Straße jetzt frei war, bedeutete die Fahrt ins Dorf immer noch ein Wagnis, dem nur ein Fahrzeug wie der Landrover gewachsen war. Der Briefträger und der Milchmann versuchten vergeblich, das Tal zu erreichen; beide blieben unterwegs auf einer der Steigungen hängen, so daß Jim Post und Milch mitnahm, wenn er Amy und Rosa in die Schule brachte. Er war es auch, der Eve Conrad abholte; sie war von London bis ins Dorf gefahren, wollte jedoch das letzte, steile Stück der Strecke bis Brook Cottage mit ihrem Auto nicht riskieren.

Jim und Theo schaufelten den Weg zu Eves Vordertür frei und heizten dann in allen Zimmern ein. Das Haus war eiskalt, und so blieb Eve noch bis zum Abend in Little Ashden und tauschte mit Mary Lawrence Neuigkeiten aus. Daniel ging es schon viel besser; der Streckverband sollte in etwa drei Wochen abgenommen werden. Danach mußte er das Bein allerdings noch einige Monate schonen, und da Prüfungen bevorstanden, hatten Eve und die Ärzte ihn dazu überredet, zu Hause zu lernen.

Mary schilderte Eve in allen Einzelheiten den Schneesturm und die Woche, in der sie von der Außenwelt abgeschnitten gewesen waren. Dann kam sie auf Theos neue Teilzeitbeschäftigung auf Jims Farm zu sprechen, die ihr ein wenig Sorgen bereitete, weil sie befürchtete, die Arbeit könnte doch zu schwer für ihn sein. Sie war sichtlich erleichtert, als Eve meinte, daß Theo ihrer Meinung nach besser und gesünder aussehe als je zuvor.

Als Eve gegen Abend nach Brook Cottage zurückkehrte,

war es in den Zimmern schon deutlich wärmer, aber das Haus wirkte immer noch frostig und unbewohnt. Um so tröstlicher empfand sie Teddys Begrüßung; der kleine Hund folgte ihr auf Schritt und Tritt, und sein ganzes Hinterteil wedelte vor Freude darüber, daß er wieder bei ihr zu Hause war. Auch am nächsten Morgen, als sie einen Weg durch den Schnee schaufelte und den Vogeltisch freilegte, blieb er ihr auf den Fersen, statt wie sonst übermütig durch den Garten zu tollen; offenbar befürchtete er, sie könnte wieder verschwinden, sobald er ihr den Rücken zukehrte.

Während ihres Aufenthalts in London hatte Eve oft daran gedacht, wie sehr die Vögel jetzt wohl leiden mußten, und sie hatte das Gefühl, sie enttäuscht zu haben. Nachdem sie im Sommer in ihrem Garten Pflanzen angebaut hatte, die die Vögel anlocken sollten, und sie im Winter an das Haus band, indem sie ihnen regelmäßig Futter streute, hatte sie sie im denkbar schlimmsten Augenblick im Stich gelassen.

Sie kehrte in die Küche zurück und hielt am Fenster nach den ersten gefiederten Gästen Ausschau. Gewöhnlich warteten die Vögel in den Hecken schon auf das Futter, doch diesmal vergingen zehn Minuten, bis ein vorüberfliegender Buchfink auf dem Dach des Geräteschuppens landete, die Körner von dort einen Augenblick beäugte und dann zum Tisch hinunterflog. Noch während er mit seinem kräftigen Schnabel den ersten Kern aufpickte, gesellte sich eine Blaumeise zu ihm, kurz darauf ein Grünfink.

Eve lächelte. Der eintönig weiße Garten war zum Glück wieder von Gelb, Blau und Rostrot belebt. Wippende Schwänze und flatternde Flügel unterbrachen das eisige Schweigen. Bald würde die Stille dem Gezeter und Gesang aufgeregter Vögel weichen, und sie würde wieder Gelegenheit haben, sich an ihrer Schönheit zu erfreuen.

Die Nächte waren immer noch eisig kalt, und selbst zu Mittag stieg die Temperatur kaum über den Gefrierpunkt, so daß die Schneedecke um keinen Zentimeter abnahm. Einmal ließ der Gemeinderat eine Ladung Salz streuen, wonach zwar an einigen Stellen unter dem hartgepreßten Schnee der Teerbelag zum Vorschein kam, aber die kleine Straße wurde so wenig befahren, daß der Schnee nicht weiterschmolz. Die Landschaft blieb noch weitere vierzehn Tage unter dem weißen Leichentuch begraben.

Dann stieg die Temperatur plötzlich sprunghaft an. Warmer Südwestwind setzte ein, und von überall begann es zu tropfen. Innerhalb weniger Stunden begannen die Regenrinnen und Abflußrohre der Häuser überzulaufen, und von den Feldern und Wäldern strömten Schmelzwasserbäche in den rasch anschwellenden Fluß. Bäume, die sich lange unter der Last des Schnees gebogen hatten, richteten sich wieder auf und glänzten im Sonnenschein, wenn über ihre Äste und Stämme das Wasser lief. Allmählich tauchten schwarze Hecken und braune Farnbüschel auf und unterbrachen das eintönige Weiß, und kaum vierundzwanzig Stunden später lugten die ersten Grasbüschel aus der rissig gewordenen Schneedecke.

Die Schneeschmelze ging so schnell vor sich, daß auf den tiefer liegenden Feldern die Erde nur kurz auftauchte, um sofort wieder unter Wasserfluten zu verschwinden, als der Fluß über die Ufer trat. Dann breitete die feuchtigkeitsgesättigte Luft neuerlich eine weiße Decke über das Land; dichter Nebel sank immer tiefer herab und verwischte alle Umrisse und Entfernungen.

Der Nebel hielt vier Tage an und hüllte alles in seine müde Melancholie. Erst am Abend des fünften Tages sah man die Sonne als rötlich schimmernden Ball hinter den Hügeln untergehen, und am nächsten Morgen hob sich der Nebel endgültig. Zu Mittag war der Himmel strahlend blau. Die Sonne schien warm und ließ das Tal nach vielen Wochen erstmals wieder in allen Farben erstrahlen. Das Gras leuchtete grün; die nasse Erde glänzte in sattem Braun. Vor Brook Cottage wiegten sich in der sanften Brise ein paar zarte Schneeglöckchen.

Das Braunellenweibchen flog an diesem Morgen durch das Fenster des Lagerhauses hinaus und landete auf den leuchtend roten Dachziegeln, die sie noch nie gesehen hatte. Die Sonne wärmte ihren Rücken und das ganze Tal war in helles Licht getaucht. Die Schönheit der Landschaft erfüllte sie mit jubelnder Freude, und sie warf sich zwitschernd in die Luft. Sie stieg hoch über die Darren empor, fegte dann dicht über das Gras hinweg bis zum Fluß und schraubte sich über den Bäumen wieder in die Höhe, getrieben von dem euphorischen Drang, ihre Muskeln und Schwingen zu erproben. Als sie zum Dach des Lagerhauses zurückkehrte, gesellte sich das Männchen zu ihr. Gemeinsam überquerten sie das ganze Tal. Als sie über dem Birkenwald wendeten, um zurückzufliegen, erinnerte sich das Weibchen an ihren alten Schlafplatz, doch die Anziehungskraft des Männchens war stärker. Während sie mit ihm hoch in die Luft stieg und die Rauchfahne überflog, die aus dem Schornstein von Brook Cottage wehte, sah sie das ganze Tal unter sich liegen, und ihr übervolles Herz nahm es als ihr Revier in Anspruch.

In viereinhalbtausend Kilometern Entfernung gab es einen anderen Vogel, der ihr diesen Anspruch erbittert streitig gemacht hätte.

Das Kuckucksweibchen, das in einem Affenbrotbraum Zuflucht vor einem der heftigen Nachmittagsgewitter gesucht hatte, die diesen Teil Afrikas regelmäßig heimsuchen, war am Rand des Oakdown-Waldes, nur wenige Kilometer vom Tal entfernt, zur Welt gekommen. Ihre Zieheltern waren Teichrohrsänger gewesen, die ihre ganze Kraft der Aufgabe gewidmet hatten, den jungen Kuckuck großzuziehen, der ihre eigenen Jungen systematisch aus dem Nest geworfen hatte. Bis es endlich flügge wurde, hatten die beiden Teichrohrsänger auf dem Rücken ihres unersättlichen Pflegekindes stehen müssen, wenn sie es fütterten. Das Kuckucksweibchen hatte dann den Rest des Sommers damit verbracht, Kraft zu sammeln und ihre Flugleistung zu verbessern. Dann war sie, ohne jemals einem Artgenossen begegnet zu sein, eines schönen Tages aufgebrochen, um sich auf die gleiche Reise zu machen wie unzählige Kuckucksgenerationen vor ihr. Mit untrüglichem Instinkt hatte sie dieselbe Flugstrecke quer über Europa und das Mittelmeer in Richtung Zentralafrika eingeschlagen.

Nach sechs Monaten kam sie zurück – ein erwachsener, fortpflanzungsfähiger Vogel. Sie war zu ihrem Geburtsort unterwegs gewesen, doch der Ruf eines Männchens hatte sie kurz vor Oakdown Forest jäh anhalten lassen; den Sommer hatte sie in jenem Tal verbracht, das die Braunelle jetzt als das ihre betrachtete. Sie hatte festgestellt, daß es ein ausgezeichnetes Revier war, und hatte erfolgreich neun Eier in den Nestern verschiedener Zieheltern untergebracht, bevor sie wieder in ihr Winterquartier zurückkehrte.

Jetzt, in den ersten Märztagen, zog es sie wiederum in das Tal. Ihre Drüsen sonderten bereits Hormone ab, die sie dazu veranlaßten, ihre Nahrungsaufnahme drastisch zu steigern. Im Lauf der nächsten Wochen mußte sie sich genügend Fettreserven zulegen, um die lange, anstrengende Reise zu überstehen. Sie hatte bereits begonnen, ihr Gefieder peinlich genau zu putzen, damit es während des Flugs im besten Zustand war. Bald würde sie wieder im Tal sein und Zieheltern-Nester für ihre Eier suchen. Sie wußte nicht, daß jedes Ei, daß sie legte, eine Zeitbombe war, die das Nest zerstören würde; sie folgte nur ihrem instinktiven Drang, Eier zu legen – und dieser Drang war bei ihr vielleicht noch stärker ausgeprägt als bei anderen Vögeln, weil sie nie die Freude erleben würde, ihre Jungen auszubrüten und großzuziehen.

Das warme, sonnige Wetter hielt die gesamte erste Märzwoche an und brachte auch die letzten hartgefrorenen Schneeschichten zum Schmelzen, die bis dahin im Schatten von Hecken und Mauern der Wärme getrotzt hatten. Der Boden war aufgeweicht, und die Hügel glitzerten noch immer in der Sonne, weil tausende Bächlein von ihren Hängen zu Tal flossen. Tagelang wirbelte der Fluß schlammig und braun über das tiefliegende Gelände zu beiden Seiten seines Bettes, dann zog er sich allmählich zwischen seine Ufer zurück.

Nach dem strengen Winter begrüßte jedes Lebewesen im Tal die Wärme und Helligkeit. Die Bäume, die unter der Schneelast geächzt und geknarrt hatten, rauschten und flüsterten jetzt im Wind, während ihre schwankenden Zweige die ersten Knospen trieben. Die Birken sahen von ferne aus, als wären sie von einem feinen, purpurroten Maßwerk überzogen. Frische, grüne Halme sprießten aus den dürren, braunen Grasbüscheln auf den Hügelhängen hervor, und Eve Conrad stellte fest, daß am Ende ihres Gartens die ersten gelben Narzissen aufblühten.

Die beiden Braunellen verließen täglich kurz nach Tagesanbruch das Lagerhaus und schlossen sich dem allgemeinen Jubel über die Ankunft des Frühlings an. Normalerweise wurde ihr Dasein ausschließlich von dem instinktiven Drang beherrscht, ihr eigenes Leben und das Überleben ihrer Art zu sichern, doch während dieser kurzen Zeit gaben sie sich ganz der Freude hin, am Leben zu sein. Sie erhoben sich in die Lüfte, nur um ihre Kraft und ihre Flugkünste zu genießen. Sie schüttelten und putzten ihr Gefieder in einem Rausch sinnlicher Freude und besangen triumphierend und jubelnd die Schönheit rings um sie. Jeder Sitzplatz, den sie bei der spielerischen Erkundung ihrer Welt entdeckten, war Grund genug, ein Lied anzustimmen. Die aufsteigenden Säfte der Bäume schienen im gleichen Rhythmus zu pochen wie ihr eigenes Blut, und sie waren hin und her gerissen zwischen dem Verlangen, deren ekstatische Vibrationen in sich aufzunehmen, und dem Drang, sich in die Freiheit der Lüfte zu erheben. Die Lockung der Lüfte erwies sich unweigerlich als stärker: Sie stiegen empor, kurvten, tauchten und segelten in dem warmen, duftenden Wind, denn hier waren sie ganz sie selbst. Und dieses intensive Lebensgefühl war zugleich ihr innigstes Lob- und Dankgebet.

Einmal landeten sie nach einer spielerischen Jagd über den Himmel erschöpft auf dem Dach einer Hopfendarre und blickten auf das Getriebe in und um Forge Farm hinunter. Amy und Rosa gingen vorbei und trällerten ein Kinderlied über einen großen Ballon, der sie in den Himmel entführt – es war ihnen ohne besonderen Grund eingefallen. Sie trugen altes Gerümpel an den Rand des zum Fluß hinunterführenden Feldes, wo Jim Siddy und Theo Lawrence es in ein riesiges Feuer warfen, dessen Flammen im Sonnenschein durchsichtig schimmerten. Plötzlich packte Will, der Labrador, einen großen Karton, der ebenfalls ins Feuer geworfen werden sollte. Die Schachtel war beinahe so groß wie er; er faßte sie mit den Zähnen, warf sie in die Luft, und sie landete mit der Öffnung nach unten auf seinem Rücken. Jetzt raste eine Schachtel mit vier glänzenden schwarzen Beinen über das Feld, verfolgt von zwei Männern, die genauso begeistert lachten und schrien wie die beiden Mädchen, die ihre Last fallen ließen und sich der wilden Jagd anschlossen.

Der gleiche Spieltrieb bewegte die Braunellen dazu, mit dem Nestbau zu beginnen. Sie saßen auf dem Dach des Lagerhauses, als von einem Taubenschlag im Garten eines der großen Häuser jenseits der Hügel ein Taubenschwarm in die Höhe stieg und über ihren Köpfen kreiste. Als der Taubenschwarm unvermittelt wendete und die weißen Flügel und Körper sich in wirren Mustern vom blauen Himmel abhoben, löste sich eine kleine Feder von der Brust einer Taube. Sie war so leicht, daß sie sehr langsam hinunterschwebte und vom leisesten Lufthauch wieder emporgetragen wurde. Als sie sich in gleicher Höhe mit dem Dach des Lagerhauses befand, wirbelte sie neuerlich höher, und das Braunellenmännchen, das ihre Bewegungen fasziniert verfolgt hatte, flog hinterher. Er fing sie mit dem Schnabel auf und trug sie auf das Dach. Hier ließ er sie fallen und sah zu, wie der nächste Windstoß sie davonwehte. Die Feder hatte gerade den Dachrand erreicht und taumelte nun auf den Rinnstein zu, da flog er ihr nach und fing sie wieder auf.

Dann, einer plötzlichen Eingebung folgend, flog er weiter und schlüpfte durch das Fenster in das Lagerhaus. Als ihm das Weibchen nach einigen Minuten folgte, stand er auf dem Sims, auf dem sie die Nacht verbrachten, und vor ihm lag die Feder. Das Weibchen flog auf den Boden, hob einen Strohhalm auf und legte den Halm neben die Feder. Dann schob sie beides in den Winkel zwischen Sims und Dachsparren und flog um den nächsten Halm. Sie hatten begonnen, ein Nest zu bauen.

Die wunderbare Woche und das Gefühl, daß die Welt neugeboren war, hatten tief in ihrem Inneren den Drang geweckt, dem Leben zu dienen, indem sie selbst neues Leben hervorbrachten. Eine Zeitlang waren ihre Bewegungen und

Handlungen nur ihrer eigenen Lebenslust entsprungen. Vor allem das Männchen hatte sich in einem konfusen Zustand befunden, in dem er gar nicht anders konnte – er mußte einfach jeden raschen Flug und jedes leidenschaftliche Lied durch noch spektakulärere Flugkünste oder noch leidenschaftlichere Lieder übertreffen. Nicht einmal wenn er rastete, konnte er dem Drang widerstehen, sich aufzuplustern und die Flügel auszubreiten – halb drohte er damit dem Weibchen, halb wollte er es beeindrucken.

Die Zeit, in der Fliegen und Singen Selbstzweck gewesen waren, war vorbei. Jetzt verschob sich plötzlich der Akzent. War das Weibchen vorher damit zufrieden gewesen, dem Männchen zu folgen und sich von den leuchtenden Farben seiner Federn, der Schönheit seines Gesanges und seinen waghalsigen Flugkünsten blenden und beeindrucken zu lassen, so trat jetzt sie in den Mittelpunkt des Geschehens. Sie war es, die ungeeignetes Nistmaterial ablehnte und fallen ließ, sie war es, die sich immer öfter in den allmählich größer werdenden Heuhaufen setzte und ihn so zurechtrückte, daß eine Mulde in seiner Mitte entstand. Das Männchen sah ihr dabei meist nur zu, oder es begab sich auf Futtersuche.

Das Sims war schmal, und das schräge Dach machte es dem Weibchen schwer, die Halme an Ort und Stelle zu schaffen. Wenn sie versuchte, ein neues Stück einzufügen, kam es oft vor, daß sie dabei einen Teil des geduldig gesammelten Nistmaterials hinunterwarf. Sie schien diese ständigen Rückschläge kaum zu bemerken, sondern schleppte unverdrossen neues Material herbei, das sie dann an der richtigen Stelle einflocht und zurechtzupfte.

Wenn es dunkelte, flog sie hinaus und suchte gemeinsam mit dem Männchen Futter. Wenn sie zurückkehrten, ließen sie sich zu beiden Seiten des Nestes nieder, als wollten sie es vor Eindringlingen schützen. Eineinhalb Tage lang arbeitete das Weibchen an dem Nest weiter, und als es allmählich Gestalt annahm, setzte sich das Männchen immer öfter auf die zerbrochene Fensterscheibe und teilte dem Rest der Welt mit schrillen Warnschreien mit, daß dies sein Revier sei. Ahnungslose Vögel, die zufällig vorbeikamen oder sich auf dem gegenüberliegenden Zaun ausruhten, bedrohte das Männchen aggressiv mit weit aufgesperrtem Schnabel und zukkenden Flügelspitzen. Wenn sie nicht sofort verschwanden, flog er direkt auf sie zu und zwitscherte dabei so wütend, daß sie lieber flüchteten, als sich seinem Zorn auszusetzen. Bei all seiner aggressiven Wachsamkeit gab es jedoch einen Eindringling, mit dem er nicht gerechnet hatte.

Es war schon fast dunkel. Das Männchen saß draußen auf dem Zaun und schimpfte mit einem Zaunkönig, der es gewagt hatte, auf einem Pfosten in der Nähe des Lagerhauses zu landen. Obwohl das Nest seit zwei Tagen so gut wie fertig war, bemühte sich das Weibchen immer noch, ein Stückchen Moos in die Mulde einzufügen. Sie schob es an den Rand, zupfte es zurecht, setzte sich dann in das Nest und drückte ihre Brust gegen das Moos, um es in die richtige Form zu bringen.

Das Sims, auf dem das Nest stand, lief über die gesamte Länge des Nebengebäudes, und überall dort, wo ein Raum in den nächsten überging, befand sich ein kleines Loch in der Wand. Kurz zuvor war eine große Ratte, die im Abwasserkanal unter der Forge Farm lebte, auf der Suche nach Futter in das Nebengebäude geraten. Sie war einige Zeit im ersten Raum umhergelaufen, hatte dann einen Stoß Kisten erklommen und war von dort auf das Sims geklettert. Schnuppernd war sie von einem Loch zum nächsten gelaufen, weil der Heugeruch immer stärker wurde. Jetzt schaute sie regungslos durch das Loch in den Vorratsraum. Im schwachen Dämmerlicht konnte sie gerade noch das Nest ausmachen, während das Weibchen, das dahinter saß, infolge seiner dunklen Färbung so gut wie unsichtbar war. Die Ratte sah nur, daß sich etwas bewegte, wußte aber nicht, ob dieses Geschöpf eine Bedrohung darstellte oder nicht.

Das Weibchen war mit der Anordnung des Mooses endlich zufrieden und hüpfte aus dem Nest. Daß das Nest auf dem schmalen Sims keinen sicheren Halt fand, hatte sie von Anfang an beunruhigt. Wieder beugte sie sich vor und zupfte heftig an der äußersten Heuschicht, als wollte sie überprüfen, ob das Nest einer stärkeren Erschütterung standzuhalten vermochte.

Von dem Loch aus beobachtete die Ratte den zuckenden Schwanz des Weibchens und gelangte schließlich zu der Überzeugung, daß das Geschöpf so klein war, daß sie es angreifen konnte. Sie setzte sich vorsichtig in Bewegung, drückte sich an die Mauer und wand ihren langen Schwanz um den Rand des Simses, um einen besseren Halt zu haben. Das raschelnde Geräusch, das der Schwanz auf dem rauhen Sims verursachte, warnte das Weibchen. Ihr Kopf zuckte hoch und zur Seite, und im nächsten Augenblick flatterte sie aufgeregt kreischend in der Luft. Die Ratte schoß an der Stelle vorbei, an der die Braunelle gestanden hatte, und sprang in das Nest, weil sie hoffte, darin Eier oder junge Vögel vorzufinden.

Das Weibchen war so jäh aufgeflogen, daß der Schwung sie bis in die Mitte des Raumes trug und sie mit vor Angst und Entsetzen wild klopfendem Herzen auf dem Hauptbalken landete. Da sie jetzt vor einem Angriff sicher war, brach sie in empörte, zornige Rufe aus, die das Männchen herbeiholten. Er blieb eine Sekunde am Rand der Scheibe sitzen, dann versuchte er verzweifelt das Nest zu verteidigen. Mit lautem Gezeter flog er direkt auf den Eindringling zu und ging dabei furchtlos so tief, daß seine Flügelspitzen das braune Rückenfell der Ratte streiften. Die Ratte wich vor dem plötzlichen Geschrei und Geflatter zurück, doch als das Männchen einen Bogen beschrieb und nochmals angriff, stellte sie sich auf die Hinterbeine und fletschte die Zähne. Ihre plötzliche Gewichtsverlagerung brachte das Nest ins Wanken, und sie sprang zurück, um nicht hinunterzufallen. Sie drückte sich mit dem Rücken eng an die Wand, doch in dieser Position war ihr Bauch ungeschützt und verwundbar; noch dazu war das Weibchen vom Balken aufgeflogen und offenbar ebenfalls im Begriff anzugreifen. Als die beiden Vögel auf die Ratte zustießen, stemmte sie die Vorderpfoten gegen den Außenrand des Nestes und schnappte in die Luft. Das Männchen strich gefährlich nahe an ihr vorbei, und die Ratte gab der Versuchung nach, sich unvernünftig weit vorzubeugen, um es am Flügel zu packen. Dadurch verlagerte sie ihr Gewicht auf die Vorderseite des Nestes, und dieses kippte. Sie strampelte verzweifelt mit den Beinen und tastete mit dem Schwanz nach Halt, aber es war zu spät. Im Fallen riß sie das Nest mit, das sich während des Sturzes in seine Bestandteile auflöste.

Die Ratte drehte sich in der Luft herum und schaffte es, auf den Füßen zu landen. Als ihr das Heu und das Moos auf den Rücken fielen, rannte sie in panischer Angst davon und suchte einen Fluchtweg. Sie schoß an der Wand entlang zur Tür, dann flüchtete sie zurück ins Heu und zwängte sich durch einen dunklen Spalt zwischen zwei Ballen. Während die Ratte flüchtete, flogen die beiden Braunellen weiterhin laut zwitschernd herum. Das Männchen erlegte sich eine sinnlose Mutprobe auf, indem es auf den Boden hinunterflog und mit drohendem Gezwitscher vor dem Versteck der Ratte hin und her hüpfte, während das Weibchen, vom Verlust des Nestes schwer getroffen, auf das Sims zurückflog und dessen traurige Reste betrachtete.

Es war schon finster, deshalb war es jetzt unmöglich, mit dem Wiederaufbau zu beginnen, und außerdem hatte sie seit dem Angriff der Ratte Angst. Dieser Raum hatte sie im Winter vor Schnee und Kälte geschützt, nun aber erschien er ihr zu beengend und zu gefährlich. Es zog sie ins Freie hinaus. Sie rief das Männchen; dann zeigte sie ihm, was sic vorhatte, indem sie zum Fenster hinausflog. Auch das Männchen spürte die bedrohlich veränderte Atmosphäre im Raum, richtete einen letzten zornig-herausfordernden Schrei an die Ratte und folgte dem Weibchen in die Nacht hinaus.

Sie hatten keine Zeit, lange nach einem Schlafplatz zu suchen, deshalb ließen sie sich in einem Brombeerstrauch hinter dem Nebengebäude nieder. Zum ersten Mal seit über einem Monat zauste der Wind die Federn des Weibchens während sie einschlief, und der Ast unter ihr schwankte. Sie war die leisen, zermürbenden nächtlichen Geräusche im Freien nicht mehr gewöhnt und fror in der kalten Nachtluft; um so enger schmiegte sie sich an den warmen Körper des Männchens, der ihr in der Dunkelheit Schutz und Trost bot.

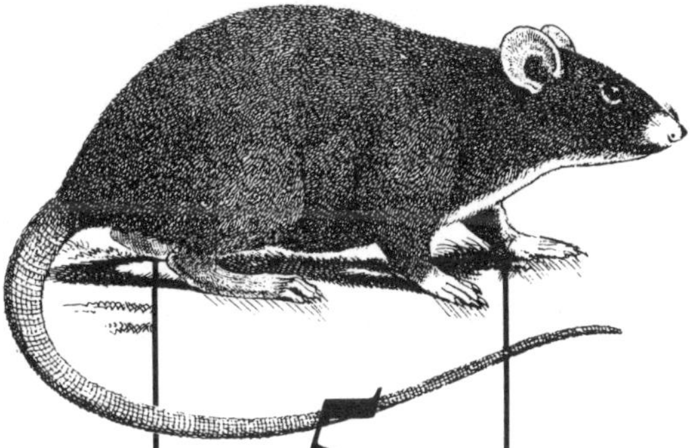

5

Will geht auf die Jagd – Die Braunellen suchen einen neuen Nistplatz – Geldsorgen – Ein neues Nest – Das Pflügen

In seinen Tiefen sah ich eng verschlungen
Zum ein'gen Bunde, den die Liebe flicht,
Was, sich vereinzelnd, rings das All durchdrungen:
Wesen und Zufall und ihr Walten, dicht
Verflochten, als wenn eins am andern hinge, –
Ach, was ich sage, gibt nur blasses Licht!
Wie All in Eins zum Knoten hier sich schlinget,
Fürwahr, ich sahs, und höher fühl ich nun
Die Brust mir schwellen, da ichs sag und singe.

Dante: *Die göttliche Komödie*

An dem Morgen, nachdem ihr Nest zerstört worden war, machten sich die beiden Braunellen auf die Suche nach einem neuen Nistplatz. Schon in der frühen Dämmerung begannen sie kreuz und quer durch das Tal zu fliegen und jeden Busch genau zu untersuchen. Sie fingen mit dem Gestrüpp am Flußufer an, aber die Spuren der Überschwemmung und das ständige Rauschen und Dahineilen des Wassers schienen dem Weibchen zu unsicher und gefährlich. Dann flogen sie an der Forge Farm vorbei, erforschten die festen Zweige einiger Holunderbüsche auf dem Hang oberhalb des Gartens und danach das dichte Ginstergestrüpp in der Nähe der Sandsteinfelsen. Auf dem Rückweg flogen sie kurz an der Ligusterhecke entlang, die den Garten säumte, doch sie wurden von einem winzigen, aber furchtlosen Zaunkönig vertrieben. Die besten Plätze waren bereits von anderen Vögeln besetzt, und sie gewöhnten sich daran, von den empörten Besitzern verjagt zu werden.

Einmal passierte ihnen das an einer Stelle, die dem Weibchen besonders gut gefiel. Sie flogen an der Rückseite der Nebengebäude vorbei und entdeckten dort einen Berberitzenstrauch, der an der Mauer wuchs. Eine Heckenrose hatte ihre Ranken durch die unteren Äste geschlungen, und so war ein undurchdringliches Dickicht entstanden, das eine ausgezeichnete Grundlage für ein Nest bildete. Die Braunellen hüpften aufgeregt zwischen den Zweigen umher und schätzten die Nistmöglichkeiten ab. Die zwei ineinander verwachsenen Sträucher würden das Nest vor der Außenwelt abschirmen, und in der Umgebung gab es keinerlei Gefahrenquellen oder Unruheherde. Das Männchen flog auf das Dach des Nebengebäudes, um den Nistplatz von dort aus zu überblicken, und das Weibchen unternahm einige Versuchsflüge, um den besten Weg hinaus zu finden. Alles schien ideal zu sein, bis plötzlich eine Amselhenne auftauchte. Sie stand zeternd auf dem Boden und beanspruchte das Revier zornig für sich. Die Braunellen hatten sich inzwischen so sehr mit dem Platz angefreundet, daß das Männchen mit der Amsel zu streiten begann, obwohl sie viel größer war als er. Kaum hatte er jedoch die ersten Töne von sich gegeben, als der Amselhahn mit zornig blitzenden Augen und zustoßendem gelben Schnabel auftauchte, und gegen dieses Argument waren die Braunellen machtlos. Sie flüchteten, und die Amseln verfolgten sie bis zum Hof der Farm. Nachdem sie ihr Ziel erreicht hatten, gaben die Amseln die Jagd auf, doch die Braunellen gingen zitternd unter dem Dachgesims des Kälberstalls in Deckung. Dort saßen sie einige Minuten später immer noch, als Theo Lawrence aus der Tür trat.

Er hatte gerade den Wassertrog der Kälber gereinigt und frisch gefüllt und ging nun zum Lagerhaus, um Heu zu holen. Normalerweise spannte Jim für diese Arbeit den Traktor vor den Anhänger, aber Theo kannte sich mit der launenhaften alten Maschine noch nicht aus und hatte es außerdem nicht eilig. Deshalb griff er nach dem großen Schubkarren und beschloß, drei- oder viermal zu fahren und jedesmal zwei Ballen zu befördern. Will lag neben seiner Hütte und sah faul, mit halbgeschlossenen Augen zu, wie Theo um die Ecke bog. Nachdem Theo verschwunden war, überlegte Will ein paar Sekunden, ob er ihn begleiten sollte, dann stand er gemächlich auf, schüttelte sich und lief über den Hof zum Weg hinunter, um zu sehen, was es Neues gab. Er schnüffelte an der Wand der Darre, witterte den schwachen, modrigen Geruch des Fuchses und verfolgte die Fährte dem

Zaun entlang bis ans Flußufer. Dort hielt er, optimistisch wie er war, nach einer Bewegung Ausschau, obwohl die Fährte mindestens neun Stunden alt war.

Der Fuchs hatte es sich während der Kälteperiode zur Gewohnheit gemacht, in das Tal hinunterzukommen, und obwohl er jetzt in der Nähe seines Baus jede Menge Nahrung fand, durchsuchte er immer noch gern die Mülleimer von Brook Cottage und Little Ashden. Seit Will die Nächte wieder in seiner Hütte verbrachte, wagte sich der Fuchs nicht mehr in den Hof von Forge Farm, schlich aber oft bis zu den Darren, weil es dort Mäuse gab. Er war in der vergangenen Nacht dagewesen, hatte dann in der Nähe des Flusses ein Geräusch gehört und war dem nachgegangen. Da er aber nichts gefunden hatte, war er heimgelaufen und dabei zur Vorsicht über den Fluß geschwommen, damit niemand seiner Spur folgen konnte. In diesem Augenblick lag er zusammengerollt in seinem Bau, den Kopf auf der Flanke seines Weibchens und schlief. Die Fähe dehnte und streckte sich, weil die Jungen in ihrem Leib sich bewegten, und weckte dabei den Rüden, der den Kopf hob, sich davon überzeugte, daß alles in Ordnung war, und dann wieder einschlief.

Will schnüffelte noch einmal an der kalten Fährte, knurrte leise, um den längst verschwundenen Fuchs symbolisch zu warnen, und lief dann zum Lagerhaus zurück. Theo kam gerade mit dem Schubkarren an und griff nach der Türschnalle, als der Labrador an ihm hochsprang und so begeistert wedelte, daß das ganze Hinterteil mitwackelte. Theo streichelte das glänzende, schwarze Fell des Hundes und schob ihn dann sanft mit dem Knie weg, damit er die Tür öffnen konnte.

Die Ratte hatte die ganze Nacht vergeblich einen Weg aus dem Raum gesucht. Unzählige Male war sie auf die Heuballen geklettert, in der Hoffnung, das Sims zu erreichen, doch als jetzt die Tür aufging, kauerte sie in ihrem ursprünglichen Versteck. Als Theos schwere Schritte auf sie zukamen, drückte sie sich weiter nach hinten an die Wand. Ihre Rükkenhaare sträubten sich entsetzt, als die Ballen über ihr schwankten, und glätteten sich erst wieder, als die Schritte verklangen.

Theo warf den ersten Ballen auf den Schubkarren und schob ihn zurecht, damit er den zweiten darauflegen konnte, dann kehrte er in die Scheune zurück. Will, der bei der Tür lag, wendete den Kopf, um Theo nachzusehen und witterte plötzlich den Geruch der Ratte. Er stand auf und schnüffelte am Boden, um den Ursprung der Fährte zu finden. Theo bückte sich und packte mit beiden Händen den nächsten Ballen; dann erinnerte er sich daran, daß er seinem Rücken nicht zu viel zumuten durfte, ergriff stattdessen die Schnur und kippte den Ballen auf die Kante, so daß er ihn leichter hochheben konnte. Als er sich vorbeugte, schoß die Ratte hinter dem Ballen hervor und lief ihm über den Fuß. Er zuckte überrascht zusammen, richtete sich schnell auf und ließ dabei den Ballen los.

Die Ratte lief auf das Licht zu, dann sah sie den Hund in der Tür, machte kehrt und floh dorthin zurück, wo sie hergekommen war. Aber auch dieser Fluchtweg wurde ihr abgeschnitten, als der Heuballen auf den Boden aufschlug und zwei riesige Stiefel bedrohlich auf sie zustampften, weil Theo sich umdrehte, um zu sehen, was an ihm vorbeigehuscht war. Von Panik erfaßt, drehte die Ratte wieder um und rannte zur Tür. Theo hatte unwillkürlich überrascht gebrummt, und Will hatte zu ihm aufgeschaut, so daß er die Ratte erst im letzten Augenblick sah, als sie an ihm vorbei zur Tür hinausschoß. Er sprang überrascht zurück, fuhr herum und nahm so eilig die Verfolgung auf, daß er mit den Hinterläufen auf dem glatten Stallboden ausrutschte.

Die Ratte hörte das Scharren seiner Krallen und dann das erregte Hecheln, als das riesige, keuchende Geschöpf immer rascher näherkam. In verzweifeltem Zickzack rannte sie weiter, den Körper dicht am Boden, nach links, dann nach rechts, dann wieder nach links. Aus dem Augenwinkel sah sie, daß der Hund in die falsche Richtung abbog, faßte wieder Hoffnung und lief weiter nach links über die Zufahrt auf das Feld zu. Erst im letzten Augenblick wurde ihr klar, daß der Hund sie getäuscht hatte. Für den Bruchteil einer Sekunde sah sie aus dem Augenwinkel den großen, schwarzen Körper, der sich auf sie stürzte, dann durchzuckte sie ein schrecklicher Schmerz, als sie zu Boden gedrückt wurde.

Theo kam gerade noch zurecht, um diese Szene zu beobachten. Der Hund sprang in die Luft, offensichtlich weil er mit den Vorderpfoten auf dem Rücken der Ratte landen wollte, verschätzte sich aber ein wenig und erwischte das Tier an der linken Schulter. Die Ratte überschlug sich, versuchte wieder auf die Füße zu kommen, knickte jedoch vor Schmerzen ein. Will sah zu, wie die Ratte weiterhinkte; die Hinterbeine schoben den Körper vorwärts, doch da ihre linke Schulter zerschmettert war, bewegte sie sich hoffnungslos im Kreis. Theo öffnete den Mund, um den Hund zu sich zu rufen, doch ehe er den Befehl aussprechen konnte, stürzte Will auf die Ratte los.

Die Ratte sah ihn kommen und warf sich in Todesangst dem Hund entgegen. Als ihre Zähne sich in Wills Unterkiefer verbissen, wich er zurück. Einige Sekunden lang klammerte sich die Ratte an ihm fest, dann verließen sie ihre Kräfte, und sie fiel zu Boden. Diesmal versagte Will nicht. Er packte sie beim Genick und brach ihr mit einer raschen Kopfbewegung das Rückgrat. Dann ließ er den schlaffen Körper fallen und lief, ohne Theos Rufe zu beachten, den Weg hinauf; aus der Wunde an seinem Unterkiefer tropfte

Blut. Als Theo den Hof erreichte, lag Will bereits vor seiner Hütte und fuhr sich mit der Pfote über die brennende Wunde.

Zehn Minuten später hievte Jim Siddy den widerstrebenden Labrador in den Landrover und fuhr in die Stadt. Weder er noch Jill wußten genau, wann Will die letzte Auffrischungsimpfung gegen Tetanus bekommen hatte, deshalb wollten sie es lieber nicht darauf ankommen lassen. Als der Landrover am Lagerhaus vorbeifuhr, flog eine große Krähe auf, die vom Zaun aus den leblosen Körper der Ratte beäugt hatte. Die beiden Braunellen, die auf den roten Zweigen eines Hartriegelbusches am Flußufer saßen, sahen den Landrover ebenfalls vorbeifahren. Sie hatten den Busch als möglichen Nistplatz in Augenschein genommen, aber das Rattern und Dröhnen der Räder auf der Holzbrücke verscheuchte sie, und sie flogen flußaufwärts.

Ein Stück höher oben am Flußufer begannen sie die Zweige und das Gras zu durchsuchen, die das zurückgehende Hochwasser in fest zusammengepreßten Haufen zurückgelassen hatte. Während der ersten Nacht im Freien hatten sie gefroren und sich auch untertags nicht recht erwärmt, weil das Wetter nach der ersten Märzwoche plötzlich wieder umgeschlagen hatte. Ein schwacher Dunstschleier lag über den fernen Bäumen, es war völlig windstill und bitterkalt. Am Vormittag hatte die Suche nach einem Nistplatz die Braunellen ganz in Anspruch genommen, aber jetzt brauchten sie dringend Futter, um wieder zu Kräften zu kommen. Sie hüpften über die Haufen, schoben die Zweige mit den Krallen beiseite und suchten in den Zwischenräumen nach Larven, Käfern oder Samen, die das Wasser mitgerissen und in den Ablagerungen der Überschwemmung zurückgelassen hatte.

Auch die Aaskrähe fraß. Nachdem sie einige Zeit über der

toten Ratte gekreist hatte, war sie auf der Zufahrt gelandet und hatte begonnen, die besten Stücke aus dem rasch erkaltenden Kadaver zu reißen. Zweimal war sie dabei von Theo gestört worden, der mit dem Schubkarren weitere Heuballen transportierte. Theo war schon versucht gewesen, einen Spaten zu holen – seine angeborene Empfindlichkeit hätte ihm niemals erlaubt, ein totes Tier mit den Händen anzufassen – und die Ratte in den Mülleimer zu befördern. Doch dann hatte er gefunden, daß das der Krähe gegenüber nicht fair wäre und die Ratte ja schließlich auch nichts mehr davon hätte, also hatte er sie liegen lassen. Aber den ganzen Vormittag über quälten ihn morbide Gedanken.

Die Braunellen fraßen sich satt und flogen dann über den Fluß. Am anderen Ufer untersuchten sie in einiger Entfernung vom Wasser einen Schlehenstrauch, aber er war zu klein, stand allein und bot daher zu wenig Deckung. Deshalb flogen sie über den schmalen Streifen Weideland weiter zur Straße. Das Weibchen stieg in die Höhe, um der Hecke auszuweichen, und flog dann der Straße entlang bis Brook Cottage und auf das Hausdach hinauf. Sie landete auf der Regenrinne, drehte sich mit einem raschen Sprung um und hielt nach dem Männchen Ausschau. Sie hatte angenommen, daß er ihr folgte, doch er war nirgends zu sehen.

Weit links von ihr, dort, wo die Straße nach rechts abbog und zwischen steilen Hängen, die sie den Blicken entzogen, den Hügel hinaufkletterte, schwebte der Falke. Er bewegte die Flügel gerade nur soviel, daß er sich in der Luft halten konnte, und von dem gefächerten Stoß bis zum hinunterblickenden Kopf bildete sein Körper einen leicht gekrümmten Bogen. Als sich die Braunelle umdrehte, stiegen direkt vor ihr in der Nähe des Flusses zwei Bachstelzen auf. Ihre kräftigen Flügelschläge trugen sie in einer wellenförmigen Bewegung über das Feld, an den Hopfendarren vorbei und zu den Bäumen auf dem Hang hinter Forge Farm. Rechts von der Braunelle saß eine Goldammer auf dem tiefhängenden Zweig einer Eiche; ihr eintönig metallischer Ruf unterbrach die fließende Melodie der Singdrossel, die auf dem obersten Ast des gleichen Baumes saß.

Die Braunelle hatte mit ihren scharfen Augen die Gegend rundum abgesucht, aber keine Spur von dem Männchen entdeckt. Sie rief, und als sie wieder keine Antwort erhielt, flog sie an der Rinne entlang bis ans Ende des Daches und setzte sich dort hin. Unter ihr ging die Seitentür auf, und Eve Conrad kam mit einem Korb voll Wäsche heraus. Als sie damit zur Wäscheleine ging, kreischte ein Häher im Garten hinter dem Haus und flog den Hang hinauf zum Birkenwald. Ein Kleiber, der am Vogeltisch gefressen hatte, flog dicht an der Braunelle vorbei zur großen Buche in der Nähe von Little Ashden. Dann hörte sie den drängenden Ruf des Männchens. Die Töne waren so schrill und hartnäckig, daß das Weibchen erschrak, aber als sie sich suchend umdrehte, sah sie ihn auf der Hecke jenseits des Fahrwegs sitzen. Seine Stimme klang aufgeregt und befehlend, und eilends flog sie zu ihm hin.

Als sie eben landen wollte, flog das Männchen an der Hekke hinunter, so daß sie die Richtung änderte und ihm durch das Gewirr der Äste folgte. Es war eine alte Hecke, die, nur durch einmündende Wege oder Einfahrten zu Feldern unterbrochen, den ganzen Weg entlanglief. Sie bestand hauptsächlich aus Weißdorn- und Haselnußsträuchern, nur stellenweise hatte sich eine Eibe oder ein Holunderstrauch erfolgreich durch das Gewirr von Wurzeln und Ästen gedrängt. Früher einmal war die Hecke von Fachleuten gepflegt und beschnitten worden, doch inzwischen hatte der

Gemeinderat ein Heckenschneidegerät gekauft, mit dem Seiten und Oberfläche der Hecke jedes Jahr im Herbst ohne großen Aufwand zurechtgestutzt wurden. Man erkannte die alten Spuren fachmännischer Betreuung im Inneren der Hecke, wo die Stämme dick und kräftig waren und die Zweige sich ordentlich und gleichmäßig ausbreiteten. Hier hielt das Männchen an und überließ es dem Weibchen, sich selbst zu überzeugen, was für einen ausgezeichneten Nistplatz er da entdeckt hatte. Sie sah sich um und schätzte Sicherheit und Behaglichkeit ab. Der dünne Holunderstrauch zur Linken gab einen ausgezeichneten Windschutz ab und verhinderte auf dieser Seite das Eindringen größerer Tiere. Darüber war durch das Zurückschneiden der Zweige ein dichtes Netzwerk entstanden, das ein großartiges Regendach bildete. Das dichte Unterholz darunter schützte vor Zugluft, zur Rechten würde der Haselnußstrauch, der schon dicht mit Kätzchen besetzt war, bald einen undurchdringlichen Blätterschirm bilden, und dennoch gab es vorne und hinten auch noch zwei freie, sichere Flugwege.

Der vordere ging auf den Fahrweg und das Garagentor von Brook Cottage, der hintere auf den schmalen Streifen Weideland, der zum Fluß führte. An diesen Ein- und Ausgängen wehrten die langen spitzen Dornen des Weißdorns große Tiere ab, doch sie stellten bei Gefahr ideale Fluchtwege dar und würden ihr einen guten Zugang zum Nest bieten, wenn sie die Jungen fütterte. Als ein Auto vorbeifuhr, dessen Fahrtwind den Busch beutelte und das übelriechende Auspuffgas zwischen die Zweige blies, hüpfte das Weibchen eine Zeitlang auf den feldseitigen Zweigen der Hecke umher, fand dort aber keinen geeigneten Nistplatz. Deshalb kehrte sie schließlich zu dem wartenden Männchen zurück. Die Nähe des Fahrwegs war zwar ein Nachteil, aber in jeder anderen Hinsicht war der Platz ideal. Um zu zeigen, daß sie einverstanden war, verließ sie die Hecke und kam mit einem Zweig zurück. Sie legte ihn in die Astgabel, und damit war der Grundstein zum neuen Nest gelegt.

In der nächsten Stunde flog sie eifrig hin und her und schleppte Zweige, Wurzeln und trockene Grashalme herbei, um die Lücke in der Astgabel zu schließen. Sie schichtete sie wahllos übereinander; die Stabilität des Fundaments ergab sich allein aus dem Gewicht und der Masse des Materials. Gewitzt durch ihre bisherigen Erfahrungen hielt sie jedesmal in der Arbeit inne, wenn sie den Gesang oder den Ruf eines anderen Vogels hörte, aber kein zorniger Besitzer tauchte auf und beanspruchte den Platz für sich. Sie war so in ihr Werk vertieft, daß sie den Landrover kaum bemerkte, der bremste, bevor er in die Zufahrt einbog.

Der Besuch beim Tierarzt hatte länger gedauert als erwartet, aber Jim war jetzt beruhigt. Der Tierarzt hatte Will eine Tetanusspritze gegeben und trotz seines Widerstandes auch die Wunde an der Lippe desinfiziert. Der Labrador schien keine Nachwirkungen zu spüren und war offensichtlich glücklich, weil er im Büro zu Füßen seines Herrn liegen durfte.

Jim arbeitete gewissenhaft und systematisch, verglich Rechnungen und Zahlungsbestätigungen und stellte eine Rohbilanz für seinen Steuerberater auf. Zahlen waren nicht seine Stärke, er haßte alles, was mit Steuererklärungen zusammenhing, aber Wills schläfriger Kopf auf seinem Fuß war wie ein warmer Anker, der seinen Zorn dämpfte, wenn die Arbeit schwierig wurde. Sie aßen das Abendbrot im Büro, und Jim stellte erleichtert fest, daß Will seinen Appetit nicht verloren hatte – der Tierarzt hatte erwähnt, daß dies der erste Hinweis auf eine Nachwirkung des Rattenbisses wäre.

Es war sehr spät, als Jim endlich fertig war. Er ging zu

Bett, aber in seinem Kopf spukten so viele Zahlen und Geldsorgen herum, daß an Schlaf nicht zu denken war. Die Preise für Rollgerste und Kälberfutter waren wieder gestiegen, und er würde das Vieh erst in zwei Monaten auf die Weide treiben können. Wie viele Joch Gerste sollte er in diesem Jahr anbauen? Mindestens achtzehn; aber blieb ihm dann noch genügend Weideland übrig? Und würde der verdammte Traktor noch ein Jahr durchhalten? Er mußte einfach.

Während Jim wach im Bett lag, schlief Will zufrieden in der warmen Küche. Die beiden Braunellen hockten nebeneinander auf ihrem unfertigen Nest und schliefen ebenfalls. Sogar der Fuchs schlief. Er war am frühen Abend auf Jagd gegangen und hatte im Birkenwald hinter Brook Cottage ein großes Kaninchen aufgestöbert und getötet. Er hatte es in seinen Bau gebracht und mit der Fähe geteilt, und obwohl er danach nochmals kurz hinausgeschlüpft war, hatte er keine Lust mehr gehabt zu jagen, war zurückgekehrt und hatte sich neben der Fähe zusammengerollt. Wenn die Jungen zur Welt kamen, würde er ohnehin kaum noch Zeit haben, sich auszuruhen.

Das Braunellenweibchen machte sich gleich nach Tagesanbruch wieder an die Arbeit. Auf die feste Grundlage legte sie jetzt jene Zweige, die den äußeren Rahmen für das weiche Innere des Nestes bilden würden. Am Tag vorher hatte sie praktisch alles herangeschleppt, was sie tragen konnte, aber jetzt brauchte sie dünne, ungefähr gleich lange Zweige. Daher führte ihre Suche nach Nistmaterial sie diesmal weiter; sie legte hunderte Meter zurück und stöberte oft lange, bevor sie etwas Passendes fand. Trotzdem kam es häufig vor, daß sie bei der Rückkehr von einem langen Flug den letzten Fund wieder aussonderte, weil er ungeeignet war. Es war ein langwieriges, mühsames Geschäft; manchmal riß ihr der Wind im Flug den Zweig oder Halm, den sie trug, aus dem Schnabel, dann mußte sie eben wieder von vorn beginnen. Der Nestbau bestand aus Suchen, Fliegen, Tragen, Fallenlassen, Einflechten – das alles gehörte dazu. Sie arbeitete sehr schnell und machte nur gelegentlich Pause, um sich auszuruhen oder zu fressen, doch kannte sie keine fieberhafte Hast, sie ging nur völlig in ihrer Aufgabe auf.

Jim Siddy, der über den Motor gebeugt die Kontakte und Leitungen reinigte, betrachtete die Tatsache, daß der Traktor nicht starten wollte, keineswegs als natürliche Begleiterscheinung seiner Arbeit. Er beeilte sich zu sehr, strengte sich zu sehr an, schlug sich die Knöchel wund, ließ fluchend den Lappen fallen und wurde von Minute zu Minute verkrampfter. Auch Mary Lawrence war frustriert und zornig. Sie hatte ein paar Wolltücher gewaschen, die sie jetzt im Garten auf die Wäscheleine hängte. Dabei war ihr eines auf den Boden gefallen, sie mußte es also noch einmal waschen, und jetzt hatte sich ein anderes Tuch im Korbrand verfangen. Sie zerrte an dem lockeren Faden, um ihn abzureißen, zog ihn dadurch aber nur noch weiter heraus. Erst als sie in ihrer zornigen Ungeduld eine ganze Fadenlänge aufgetrennt hatte, sah sie die Unsinnigkeit ihres Verhaltens ein. Sie beherrschte sich, suchte den richtigen Ansatzpunkt, hielt das andere Ende fest und riß den Faden glatt ab. Um ihren Zorn abzureagieren, rollte sie den Faden zu einem Knäuel zusammen und wollte ihn über die Hecke werfen. Sie hatte aber nicht genügend Schwung genommen, und der Faden war so leicht, daß er nur ein lächerlich kurzes Stück flog. Einen Augenblick lang war sie in Versuchung, ihn aufzuheben und noch einmal zu werfen, doch dann verzichtete sie vernünftigerweise darauf.

Während sie ihrer arthritischen Hüfte wegen hinkend

zum Haus zurückging, löste sich der Knäuel langsam auf. Der Wind blies den aufgerollten Faden über die Wiese in die Hecke, wo er sich an einem Zweig verfing. Dort blieb er eine Weile flatternd hängen, bevor er auf den Weg jenseits der Hecke getrieben wurde. Im Lauf der nächsten Stunde flatterte der Faden den Weg entlang, verfing sich zeitweise in einem Hindernis, riß sich wieder los und flog schließlich über den Fahrweg in die Lingusterhecke bei Brook Cottage. Hier wickelte er sich um einen Ast und sah zwischen den dunklen Blättern wie eine kleine, weiße Blüte aus.

Das Weibchen hatte die Zweige inzwischen annähernd in Form eines Dreiecks angeordnet und damit die Außenwand für die Nestmulde gebaut. Jetzt befaßte sie sich weniger mit Materialsuche, sondern ordnete das, was sie hatte, neu, bis sie alle Teile so dicht ineinander verflochten hatte, daß es so gut wie unmöglich war, einen einzelnen Zweig herauszuziehen. Sobald sie sich überzeugt hatte, daß der Haufen fest verschachtelt war, setzte sie sich darauf, preßte mit der Brust, scharrte mit den Krallen und zupfte mit dem Schnabel in der Mitte eine runde Vertiefung zurecht. Die Zweige waren so dicht verwoben, daß sie jedesmal, wenn sie eine Seite in die gewünschte Form gebracht hatte, die andere damit zerstörte. Allmählich lernte sie jedoch, ihren ganzen Körper einzusetzen und die eine Seite mit dem Hinterteil festzuhalten, während sie die andere mit der Brust zusammendrückte. Aber es war eine lange, mühselige Prozedur.

Kurz nachdem sie zu arbeiten angefangen hatte, war sie morgens durch das laute Dröhnen des Traktors gestört worden, der aus der Zufahrt auf den Fahrweg einbog. Jim fuhr auf die Felder, auf denen er Sommergerste anbauen wollte. Acht Stunden später, als der Traktor auf dem Rückweg zur Forge Farm vorbeidonnerte, arbeitete die Braunelle immer noch und gab dem Nest den letzten Schliff. Der ohrenbetäubende Lärm erschütterte die Hecke, und das Männchen, das in der Nähe des Nestes Wache gestanden hatte, schoß ins Freie. Das Weibchen folgte ihm.

Im Lauf des Tages hatte das Männchen gelegentlich eine Spinne gefangen und gefressen und auch dem Weibchen ab und zu etwas gebracht, aber sie waren jetzt beide sehr hungrig, und es war beinahe finster. Sie flogen hoch über den Traktor hinweg und setzten sich auf den blattlosen Ast eines alten Fliederstrauchs im Garten von Little Ashden. Während sie darauf warteten, daß das beängstigende Tuckern des Traktors aufhörte, wetzte das Weibchen seinen Schnabel an der rauhen Rinde, um die klebrigen Harzreste zu entfernen, die sich daran angesetzt hatten, als sie die Zweige abzwickte und zurechtbog. Das Dröhnen des Traktors wurde noch lauter, als er in den Hof einbog und der Lärm von den Mauern der Gebäude widerhallte, doch dann schaltete Jim den Motor ab und die Braunellen beruhigten sich. In der darauffolgenden Stille flogen sie über Little Ashden hinweg an den Nebengebäuden entlang und landeten neben dem Misthaufen auf dem Boden. Sie zögerten, als sie lautes Klirren aus dem Hof hörten, aber da es zunehmend dunkler wurde, hüpften sie näher und durchstöberten eilig den Rand des Misthaufens nach Käfern, um die kommende Nacht durchzustehen.

Während die Braunellen fraßen, koppelte Jim müde den Pflug vom Traktor ab und zog ihn in den Schuppen. Sein ganzer Körper schmerzte nach der stundenlangen, konzentrierten Arbeit, und er war ebenfalls hungrig, weil er seit dem Frühstück nichts mehr gegessen hatte. Als erstes wollte er aber ein ausgiebiges Bad nehmen. Auf dem Weg zur Küchentür blieb er einen Moment stehen und schaute über die Nebengebäude zu den Feldern hinüber, die er gepflügt hatte. Sie lagen auf dem Hügel auf der anderen Talseite, und die frisch aufgebrochenen Furchen am oberen Ende des Hanges glänzten im letzten Abendschein. Gestern hatten diese Felder noch geschlafen, jetzt aber schienen die langen, parallelen Linien in der feuchten Erde, das Ergebnis seiner Arbeit, Fruchtbarkeit und neues Leben zu verheißen.

Dort, auf den Feldern, hatte Jim sich ganz darauf konzentriert, die Furchen gerade zu ziehen, doch jetzt übersah er das Ganze, bemerkte die subtile Veränderung des Gesamtbildes, die dadurch entstanden war, daß sich Farben und Formen eines kleinen Teils der Landschaft verändert hatten. Auch die Krähe, die langsam aber stetig über den letzten hellblauen Strich am Horizont flog, veränderte durch ihre Gestalt und ihre Bewegung das Gesamtbild des Tals – sie verdeckte ferne Bäume, wenn sie an ihnen vorüberflog, wurde kurz zu einem Teil der beiden starren Schornsteine von Little Ashden – und jetzt bog sie nach Westen ab und war bald nur noch ein kleiner, dunkler Punkt am Horizont. Und diese beiden Gestalten am Rand des Misthaufens – Mäuse? Nein. Flügelschläge, also Vögel. Nach ihrer geduckten Haltung, den scharrenden Bewegungen und den zuckenden Flügeln zu schließen, vermutlich Braunellen. Was hatte sie in diesem Augenblick an diesen Ort geführt? Auf welchen Wegen und Umwegen waren sie hierhergekommen, und was hatte sie veranlaßt, seinen eigenen Lebensweg gerade hier und heute zu kreuzen, so daß aus seinen und ihren Bewegungen gerade dieses Muster entstanden war?

Fast zehn Minuten lang stand Jim mit nachdenklichem Blick in der Abendstille. Dann zerzauste eine leichte Brise ihm die Haare, die kleinen Vögel erhoben sich in die Luft, schwenkten seitlich ab und verschwanden, wie vom Wind verweht, in der Dunkelheit. Jim drehte sich um und ging auf das warme Licht zu, das durch die Glasscheibe der Küchentür fiel.

6

Geburt – Ein Eichhörnchenkampf – Daniel trifft in Brook Cottage ein – Das Nest ist fertig – Dunkelheit und Regen

Natur ist nichts als eine Kunst, die du nicht kennst;
Zufall ein Ziel, das du nicht siehst;
Jeder Mißklang ist eine unverstand'ne Harmonie,
Und alles Böse nur ein Teil des ewig Guten.

Alexander Pope, *An Essay on Man*

Im Licht des frühen Morgens saß der Fuchsrüde in der Nähe des Eingangs zu dem verlassenen Dachsbau, in dem er sich häuslich eingerichtet hatte. Er hechelte mit offenem Maul, und seine Zunge hing über die scharfen Zähne herab. Mit zusammengekniffenen Augen blickte er über das offene Feld hinter der Eiche. Der Wind bewegte das Gras und trug dem Fuchs schwache Gerüche zu; doch als er sich vergewissert hatte, daß keine Gefahr drohte, und den Kopf wieder auf die Pfoten legte, stiegen ihm aus dem Bau neuerlich die Gerüche der Geburt in die Nase. Einen Augenblick später richtete er sich unvermittelt auf, als eine Krähe vorbeiflog; der Widerschein des hellen Himmels färbte ihre schwarzen Federn leuchtend mitternachtsblau.

Mitten in der Nacht, als die Fähe die ersten Anzeichen der bevorstehenden Geburt spürte, hatte er sie allein gelassen und draußen die Wache übernommen. Kurz danach hatte er das erste leise Quieken gehört und gewußt, daß die Jungen zur Welt kamen. Seither war das Quieken immer lauter geworden, gefährlich laut, wie ihm schien; seine Nerven waren zum Zerreißen gespannt, er richtete sich bei jeder Bewegung auf, und seine gespitzten Ohren versuchten jedes Geräusch aufzufangen, das auf das Nahen eines Feindes schließen ließ.

Als die Krähe über den Hügel ins Tal flog, schwoll das Quieken zu solcher Lautstärke an, daß er verzweifelt zum Bau lief, um nachzusehen. Kaum hatte er jedoch seine Schnauze in den Eingang gesteckt, stieß die Fähe einen warnenden Schrei aus, der ihn sofort verscheuchte. In sicherer

Entfernung vom Bau ließ er sich auf den Boden fallen, starrte sehnsüchtig zum Eingang hinüber und wunderte sich, warum sein Weibchen ihn nicht bei sich haben wollte.

Dann hörte er aus den Tiefen des Waldes hinter ihm das Gekreisch und Gezeter kämpfender Eichhörnchen. Im Wipfel einer Roßkastanie jagten einander zwei Männchen und bewegten sich dabei so schnell und geschickt, daß sie wie graue, fließende Ausbuchtungen des Baumstammes aussahen. Der Fuchs setzte sich interessiert auf die Hinterbacken und sah zu, wie sie den Stamm hinauf und hinunter rannten und von Ast zu Ast sprangen. Das erste Eichhörnchen erreichte gerade das Ende eines Astes, doch statt auf den nächsten zu springen, drehte es sich unvermittelt um und stellte sich seinem Verfolger. Das zweite Eichhörnchen blieb stehen. Einen Augenblick beäugten sie einander, dann griff das erste Männchen kreischend an, legte den buschigen Schweif in einer steilen Kurve über den Rücken und raste den Ast entlang.

Als sie zusammenprallten, hörte man lautes Zähnegeklapper, dann verlor das zweite Eichhörnchen das Gleichgewicht und stürzte ab. Es streckte sofort die Beine aus und hielt den Schwanz waagrecht, um seinen Sturz zu bremsen. Als es schon fast so schien, als würde es gleich unsanft auf dem Boden landen, umklammerte es mit den Vorderpfoten einen vorspringenden Ast. Der dünne Zweig bog sich unter der Last, hielt aber stand, und das Eichhörnchen rannte zum Stamm. Es war ihm jedoch keine Atempause vergönnt, um sich von dem Schreck zu erholen, denn das erste Eichhörnchen raste bereits den Stamm hinunter, um seinen Vorteil auszunützen.

Während die wilde Jagd weiterging, stand der Fuchs auf und schlich geräuschlos von Busch zu Busch auf das Kampfgebiet zu. Der beinahe katastrophale Sturz des Eichhörnchens hatte die Hoffnung in ihm geweckt, daß er hier vielleicht leichte Beute machen konnte, ohne seinen Bau allzu lange unbewacht zu lassen. Normalerweise waren Eichhörnchen für ihn zu vorsichtig und zu schnell, aber die beiden waren so in ihren Kampf vertieft, daß er sie vielleicht überraschen konnte.

Der Fuchs schob sich Zentimeter um Zentimeter vorwärts, erstarrte manchmal mit erhobener Vorderpfote, ließ sie dann langsam wieder sinken und schlich näher. Obwohl er die Eichhörnchen keine Sekunde aus den Augen ließ, spürte er, wohin er treten mußte, und bewegte sich vollkommen geräuschlos, bis er ein Farndickicht in kaum fünf Meter Entfernung von der Roßkastanie erreichte. Hier verkroch er sich langsam und vorsichtig, und sein rotbraunes Fell verschmolz mit der Farbe der Farne. Jetzt trug ihm der Wind den Geruch der Eichhörnchen zu, und seine Muskeln spannten sich in Erwartung der Beute.

Ein Eichelhäher, der hoch auf einer nahen Eiche saß, hatte die Bewegungen des Fuches beobachtet, und als dieser sich angriffslustig duckte, flog er, schrille Warnschreie ausstoßend, auf. Die beiden Eichhörnchen unterbrachen ihre Verfolgungsjagd, richteten sich auf, vergaßen ihren Kampf für den Moment und hielten Ausschau nach dem Grund für diese Aufregung. Eine ganze Minute lang musterten sie Bäume und Büsche, aber der Fuchs war gut versteckt. Dann nahm eines der Eichhörnchen die Chance wahr, und griff wieder an. Damit überrumpelte es seinen Gegner, der in einer Spirale den Baumstamm hinunterflüchtete. Knapp über dem Boden wollte das Eichhörnchen wieder kehrtmachen, mußte aber feststellen, daß ihm der Weg abgeschnitten war. Es sah die gefletschten Zähne seines Rivalen unmittelbar über sich, warf sich nach hinten und drehte sich in der Luft um die eigene Achse. Kaum hatten seine Sohlen den Boden berührt, war es schon wieder in Bewegung, aber bevor es in Schwung kommen konnte, landete sein Verfolger, der den Sprung vorausgesehen hatte, auf seinem Rücken. Beißend und kratzend wälzten sie sich im welken Laub.

Der Fuchs schoß blitzschnell aus dem Farndickicht. Noch im Sprung erkannte er, daß er nicht rasch genug war, um beide zu erwischen, und entschied sich daher, nur eines aufs Korn zu nehmen. Das andere Tier hatte Glück, es wurde nur zur Seite geschleudert, vergeudete keine Sekunde damit, nachzudenken, was geschehen war, rappelte sich hoch und raste zum Baumstamm. Das unglückliche Opfer erhaschte nur einen kurzen Blick auf den neuen Angreifer, dann zermalmten scharfe Zähne seinen Schädel.

Der Fuchs hob den schlaffen Körper hoch und lief zu seinem Bau zurück. Als er sich in den Eingang schob, hörte er wieder den Warnruf der Fähe, kroch aber weiter, bis er die Kammer erreichte. Die Fähe lag am anderen Ende der Höhle auf der Seite, und fünf kleine, graubraune Wollknäuel drängten sich um ihre geschwollenen Zitzen. Sie wandte dem Fuchs den Kopf zu und fletschte so drohend die Zähne, daß er stehenblieb, das Eichhörnchen fallen ließ und einen Schritt zurücktrat. Die Fähe knurrte wieder, aber diesmal weniger feindselig, deshalb senkte er den Kopf und schob mit der Schnauze das Eichhörnchen in ihre Richtung. Er trat noch einen Schritt zurück, damit sie das Unterpfand für seine guten Absichten in Augenschein nehmen konnte. Als weiteren Beweis dafür, daß er den Jungen nichts antun wollte, betrachtete er sie aufmerksam, dann wandte er gleichgültig den Kopf ab und schnappte nach einem nicht existierenden Floh an seiner Flanke, bevor er sich hinhockte und bewußt in eine andere Richtung sah.

Es waren die richtigen Gesten gewesen; die Fähe legte sich hin und ließ die noch blinden Jungen nach der Milchquelle suchen. Ein paar Minuten später rollte sie sich auf die Hinterbacken. Als er aufstand und das Eichhörnchen hochhob, zog sie mißtrauisch die Lefzen zurück. Trotzdem ging er auf sie zu, und sie stieß zischend den Atem aus, doch als er die Beute vor ihr fallen ließ und sich in eine Ecke der Kammer zurückzog, wußte sie endgültig, daß sie nichts von ihm zu befürchten hatte. Sie schnüffelte laut an dem Eichhörnchen, dann grub sie die Zähne in das weiche Fleisch. Der Fuchs drehte sich um und sah sie an, und sie erwiderte seinen Blick – ihr Bund war erneuert worden.

Das Braunellenmännchen fand den weißen Wollfaden, als er unter der Ligusterhecke bei Brook Cottage Futter suchte. Er zog am losen Ende, so lange, bis nur noch das andere Ende in einer Astgabel eingeklemmt war. Er ließ nicht locker, und schließlich hatte er den Faden befreit. Den kurzen Flug über den Fahrweg schaffte er ohne Probleme; die Schwierigkeiten begannen erst, als er versuchte, durch die Hecke zum Nest zu hüpfen. Immer wieder verfing sich der Faden an einem Zweig. Es gelang dem Männchen ein paarmal, den Faden loszubekommen, aber er wurde ihm immer wieder aus dem Schnabel gerissen und verhedderte sich schließlich so hoffnungslos, daß der Vogel ihn nicht weiterziehen konnte. Dabei war das freie Ende nur noch wenige Zentimeter von dem Nest entfernt, und so kurz vor dem Ziel wollte das Männchen nicht aufgeben. Unermüdlich versuchte er den Faden loszureißen, aber obwohl dieser stets ein wenig nachgab, weil der Zweig sich bog, schnellte er genauso regelmäßig wieder zurück. Schließlich gab das Männchen doch auf und flog auf Futtersuche, war aber fast jedesmal, wenn er zurückkam, in Versuchung, den Faden noch einmal zu packen und neuerlich daran zu zerren.

Auch das Weibchen hatte ein paarmal versucht, den Faden freizubekommen, den das Männchen so nahe zum Nest geschleppt hatte, aber sie hatte rasch die Geduld verloren und sich mit dem beschäftigt, was ihr zur Verfügung stand. Sie hatte einen untrüglichen Blick für die Größe und Beschaffenheit des Materials – vor allem trockene Grashalme –, das sie für die weiche Polsterung des Nestes brauchte. Besonders entzückt war sie über ein langes Pferdeschwanzhaar, das sie ordentlich zusammengerollt neben einem Löwenzahn im Weideland am Fluß fand.

Als sie das zusammengerollte Haar in die Mitte des Nestes fallen ließ, rollte es sich zu ihrer Überraschung wieder auf, und um es in seiner gesamten Länge zu verstauen, mußte sie es viermal um die Mulde herumführen. Sie brauchte lang, um es ordentlich unterzubringen, und während sie noch daran arbeitete, wurde sie durch ein großes, weißes Fahrzeug gestört, das vor Brook Cottage hielt. Zehn Minuten lang wurden Türen zugeschlagen, Stimmen ertönten, Gestalten kamen dem Nest bedrohlich nahe. Während dieser Zeit verhielt sie sich vollkommen ruhig, und obwohl sie große Angst hatte, war sie entschlossen, da zu bleiben und das Nest zu verteidigen. Schließlich nahm das Durcheinander ein Ende, das Fahrzeug wurde mit lautem, erschreckendem Geknatter gestartet, reversierte, bog in die Zufahrt ein und hinterließ beim Abfahren eine Wolke von Dieselschwaden, die noch lange an den Besuch erinnerten.

Als der Rettungswagen wegfuhr, war Daniel bereits im Vorderzimmer im Erdgeschoß untergebracht. Die Lawrence waren schon vor seiner Ankunft herübergekommen und hatten mitgeholfen, sein Bett und seinen Schreibtisch aus seinem Zimmer herunterzuschaffen, damit er mit seinen Krükken nicht Stiegen steigen mußte. Sie hatten auch das Sofa ans Fenster geschoben, so daß er von dort zum Fenster hinausschauen konnte.

Jetzt humpelte er zu dem Sofa und setzte sich. Es tat gut, endlich wieder hier zu sein. Im Krankenhaus hatte er wochenlang nichts als die nackte, graue Seitenwand eines anderen Gebäudes vor dem Fenster gesehen. Der Ausblick auf das Tal war im Augenblick allerdings auch nicht sehr schön, denn der bleigraue Himmel ließ alles leblos und düster erscheinen. Eine unscheinbare kleine Braunelle stand auf der Ligusterhecke und hielt einen Grashalm im Schnabel. Sogar die Vögel sahen heute schäbig aus. Die Braunelle flog über den Fahrweg und verschwand in der Hecke am Rand des schmalen Weidestreifens, auf dem Daniel als kleines Kind so oft gespielt hatte.

Seine Mutter kam mit Tee und Kuchen herein. Sie schaltete das Licht ein, und er wandte sich von der trübseligen Außenwelt ab und dem warmen, gemütlichen Zimmer zu.

Im Lauf der nächsten Tage gab das Braunellenweibchen dem Nest den letzten Schliff. Gelegentlich sah es aus, als wollte sie die gesamte Polsterung wieder herausreißen; rücksichtslos zupfte sie daran und warf alles hinaus, was ihr nicht zusagte. Und dann fand sie plötzlich, daß alles in Ordnung war. Das Männchen sang buchstäblich einen ganzen Tag lang, um die Fertigstellung des Nestes zu feiern. Er sang in der Hecke, auf den Telegraphendrähten, auf dem Dach von Brook Cottage, auf jedem Aussichtspunkt. Sein Lied rühmte das Nest und machte eventuelle Eindringlinge darauf aufmerksam, daß er es erbittert verteidigen würde. Gelegentlich schloß sich das Weibchen mit ein paar unmelodischen

Rufen dem Gesang des Männchens an. Sie hatte die vielen Arbeitsstunden bereits vergessen, die sie für den Bau aufgewendet hatte, deshalb erzählten auch ihre kurzen, trillernden Töne überrascht und dankbar von dem wunderbaren Geschenk eines so vollkommenen Nestes.

Das schlechte Wetter in der darauffolgenden Woche bewies, wie ausgezeichnet der Nistplatz war. Der Sturm beutelte die Hecke ein paar Tage lang erbarmungslos, und sogar die dicken Stämme ächzten und schwankten, doch das Nest saß fest in der Astgabel. Das Weibchen hatte dennoch Angst darum und wäre am liebsten ständig in seiner Nähe geblieben, aber sie hatte während des Nestbaues kaum etwas zu sich genommen und war völlig ausgehungert. Daher verließ sie ihre kostbare Konstruktion und stellte sich dem böigen Wind. Er trieb sie sofort in eine andere Richtung als vorgesehen, und sie mußte immer wieder Umwege machen, um im Windschatten zu bleiben.

Auf dem Felsen oberhalb von Forge Farm hatte ein Grünspecht seinen Nistplatz verloren, als der Wind einen Ast von der riesigen Eiche riß und dadurch das Loch freilegte, das der Specht so geduldig herausgemeißelt hatte. Auf der anderen Seite des Tales entging der Fuchsrüde nur knapp dem Tod, als in der Dunkelheit ein schwerer Buchenast krachend vor ihm auf dem Boden aufschlug.

Die ganze Zeit über rasten Kumuluswolken über den Himmel, so daß Sonne oder Mond das Tal immer nur kurz erhellten, um sofort wieder zu verschwinden. Als dann der Wind ein wenig nachließ, blieb eine große, geschlossene Schicht grauer Regenwolken über dem Tal hängen, und es regnete tagelang.

Die Braunellen blieben in der Hecke, hüpften durch die tropfnassen Zweige und suchten auf dem Boden darunter kleine Spinnen und Käfer. Bei dieser Suche entdeckten sie die Grenzen ihres Reviers. In die Richtung, in der die Zufahrt zu Forge Farm lag, konnten sie sich nur bis zur Biegung der Fahrstraße wagen, sonst erregten sie den Zorn eines Zaunkönigs, der sein gewölbtes Nest in Bodennähe am efeuüberwucherten Stamm eines Haselnußstrauches baute. Er besaß eigentlich zwei Nester, so daß seine zukünftige Gefährtin zwischen ihnen wählen konnte. Das zweite befand sich am anderen Ende der Brücke bei Little Ashden. Weil der Zaunkönig ein so großes Revier verteidigen mußte, war er sehr aufgeregt, wenn sich ihm andere Vögel näherten. Immer wenn die Braunellen auf Nahrungssuche um die Ecke hüpften, empfing er sie mit schwirrendem Geflatter und durchdringendem Warngeschrei. Obwohl er klein war, genügten seine Schnelligkeit und seine herausfordernde Haltung – er spreizte den kurzen Schwanz und hielt den spitzen Schnabel stoßbereit –, damit die Braunellen in die Sicherheit ihres heimatlichen Reviers zurückflüchteten.

In der anderen Richtung war ein längeres Stück der Hecke nicht dicht genug, um einem Nest genügend Deckung zu bieten, und so wurde es von keinem Vogel als Revier beansprucht. Dafür war es ein guter Futterplatz. Viele Vögel suchten dort nach Nahrung, und keiner machte dem anderen das Aufenthaltsrecht streitig. Nach diesem Abschnitt der Hecke wurden die Büsche wieder dichter, und dort baute ein Buchfinkenpaar sein Nest aus Moos und Flechten. Das eintönige »Pink-Pink« des Männchens war weithin zu hören und rief den anderen seine Anwesenheit ständig ins Gedächtnis, doch die Braunellen merkten bald, daß dieser Ruf erst dann feindselig wurde, wenn sie sich über ein bestimmtes Büschel Camander-Ehrenpreis hinauswagten.

Der anhaltende Regen füllte den Graben am Straßenrand mit wirbelndem, braunem Wasser, das manchmal über die Ufer trat und beinahe bis zur Hecke schwappte. Viele Nächte lang vernahmen die Braunellen ohne Unterlaß das harte Stakkato der Regentropfen auf dem Teerbelag, wenn sie in ihrem Nest hockten. Seit das Weibchen mit dem Männchen zusammen war, hatte sie ihre Angst vor der Dunkelheit verloren. Die Nächte im Lagerhaus waren warm und still gewesen, und die Nähe des Männchens hatte sie beruhigt, wenn ein plötzliches Geräusch sie aus dem Schlaf aufschreckte. Dann, als sie nach dem Verlassen des Lagerhauses die Nächte wieder im Freien verbrachten, war sie entweder von solcher Lebensfreude erfüllt oder vom Nestbau so erschöpft gewesen, daß sie tief und fest geschlafen hatte. Doch jetzt war ihr Schlaf durch das Schwanken der Büsche, den plätschernden Regen und das gelegentliche Prasseln des Hagels sehr unruhig geworden. Sie blickte oft lange in die von Geräuschen erfüllte Dunkelheit hinaus, voll Angst vor umherstreifenden Feinden.

Als sie wieder einmal alle Sinne anspannte, um aus der allgemeinen Kakophonie des Gewitters ein neu hinzugekommenes Geräusch herauszufiltern, erblickte sie den Fuchs, der durch die Ligusterhecke auf der anderen Seite des Fahrwegs glitt und auf sie zutrottete. Der Regen hatte sein Fell zusammengedrückt und verklebt, so daß seine Schnauze mager und grausam wirkte. Als ihm der Wind einen Geruch zutrug, blieb er stehen und wendete den Kopf hin und her, um ihn einzufangen, aber die Windstöße wechselten die Richtung so rasch und unvermittelt, daß er ihn nicht wiederfand. Schließlich trottete er davon und verschwand in die stürmische Gewitternacht.

Noch schlimmer als die Angst vor Räubern aber war die Dunkelheit, die in das Weibchen einzudringen schien, so als ob sie selbst zur Nacht würde – schwarz, endlos, hoffnungslos. Sogar die Augen versagten ihr den Dienst; das Männchen und das Nest waren nur noch undeutliche, verschwommene Schatten, die ihr kein Trost waren. Deshalb stimmte sie, sobald der erste schwache Schimmer des Tageslichts durch die dichten, grauen Wolken drang, ihr Morgenlied an. Im nächsten Augenblick fielen überall im Tal andere Vögel mit ein. Sie empfanden es nie als selbstverständlich, daß es hell wurde, und waren immer bereit, das Ihre dazu beizutragen und den Tag mit ihrem Gesang herbeizurufen. Doch nach so pechschwarzen Nächten wie diesen, in denen sich sogar die Sterne verfinstert hatten, war ihre Sehnsucht nach dem Licht noch größer als sonst. So wie die Nacht sie durchdrungen hatte, wuchs jetzt das Licht in ihnen, und sie begrüßten und ermutigten es durch ihren Gesang. Als erhörte das Licht ihre Gebete, wurde es immer heller; es blieb zwar weiterhin gedämpft durch graue Regenschleier, aber es spendete Trost und enthielt das Versprechen auf bessere Zeiten.

7

Frühlingserwachen – Die Paarung – Die Entstehung des Eis – Das Gelege

Kann Gottes Allmacht größ're Wunder wirken
Als jene Wunder, die sie Jahr für Jahr,
Und vor den Augen des achtlosen Menschen wirkt?
Gewohnheit macht uns blind,
Und in dem steten Kreislauf der Natur,
Der wundersamen Wiederkehr der Jahreszeiten,
Der Auferstehung einer abgestorb'nen Welt
Seh'n wir nichts Wunderbares mehr.

William Cowper: *The Winter Walk at Noon*

Langsam rückte die Zeit der Paarung näher. Der linke Eierstock sowie der linke Eileiter des Weibchens hatten sich bereits vergrößert, und das erste winzige Ovum begann sich zu entwickeln und das Dotter eines künftigen Eis zu bilden. Bald würden auch die übrigen zu wachsen beginnen. Der Nistplatz konnte jedoch noch nicht bezogen werden. Die Knospen an der Hecke hatten sich zwar schon zu kleinen, zarten Blättern entfaltet, aber es würde noch mindestens eine Woche dauern, bis sie das Nest vollständig von der Außenwelt abschirmten. Außerdem brauchte der Organismus des Weibchens jetzt soviel Nahrung wie möglich. Anfangs suchten die beiden Braunellen hauptsächlich am Fuß der Hecke nach Futter, als jedoch das Wetter besser wurde, die Sonne das Tal wieder erwärmte und die überschwemmten Wiesen allmählich trockneten, wagten sie sich ins Freie hinaus. Sie entfernten sich nie weit voneinander, hüpften geduckt durch die Grasbüschel und suchten nach Körnern, Käfern und Spinnen. Das Weibchen begann auch kleine Sandkörnchen zu schlucken, die ihrem Körper das Kalziumkarbonat zuführten, das er zur Bildung der Eierschalen brauchte.

Manchmal unterbrach sie die Futtersuche, flog auf die Hecke hinauf und überzeugte sich, daß niemand ihr Revier bedrohte. Bei dieser Gelegenheit beobachtete sie jedesmal das Männchen, das auf dem Boden weiterhin Nahrung suchte; seine Bewegungen und die Farben seines im hellen Licht leuchtenden Gefieders faszinierten sie. Dann konnte sie nicht anders, sie flog zu ihm hinunter, um ihm nahe zu sein, und fühlte sich so eins mit ihm, daß sie im gleichen Rhythmus wie er weiterhüpfte, den Kopf neigte und pickte. Auch das Männchen fühlte sich zum Weibchen besonders hingezogen. Jedesmal, wenn er auf die Hecke hinaufflog, brach er unwillkürlich in Gesang aus, teilweise um andere Vögel fernzuhalten, hauptsächlich aber, um die Aufmerksamkeit des Weibchens zu erregen. Und wenn sie sich ein Weilchen ins Nest setzte, um die Polsterung in Form zu halten, indem sie sich mit der Brust dagegendrückte, suchte er immer irgend etwas zu fressen, das er ihr bringen konnte. Was immer er fand – kleine Würmer, Raupen oder Spinnen –, der Augenblick, wenn er auf dem Rand des Nestes stand, sich vorbeugte und ihr das Futter anbot, erfüllte beide mit einer Erregung, die sie kaum ertragen konnten. Das Weibchen duckte sich in das Nest, hob den Kopf und sperrte den Schnabel weit auf, während sich das Männchen vorneigte und ihr das Geschenk langsam und vorsichtig in den Schnabel legte. Und beide erschauerten, sobald ihre Schnäbel einander berührten.

Während der ersten Woche zu Hause lag Daniel stundenlang auf dem Sofa und schaute zum Fenster hinaus. Seitdem sich das Wetter gebessert hatte, bot das Tal einen Anblick von solcher Schönheit, daß er darüber die Schmerzen in seinem Bein vergaß. Teddy war glücklich, wenn er in diesen Stunden auf Daniels Schoß sitzen und die Wärme der Sonne genießen durfte, und der Junge fühlte sich, wenn er den Terrier streichelte und am Hals kraulte, seinem vierbeinigen Freund ganz nahe.

Daniel hatte gesehen, wie die Braunellen in der Hecke gegenüber von Brook Cottage ein- und ausflogen, und nahm an, daß sie dort ihr Nest hatten. Er holte den alten Feldstecher seines Vaters und beobachtete sie damit aus der Nähe, doch so sehr er sich auch bemühte, er konnte das Nest nicht entdecken. Am ersten Tag, an dem man ihm erlauben würde, auf Krücken ins Freie zu gehen, wollte er das Nest in der Hecke suchen. Er freute sich auf diesen Moment, der ein Meilenstein auf dem Weg zu seiner Genesung sein würde.

Jim hatte das frisch gepflügte Feld auf dem Hügel geeggt und die Gerste gesät; jetzt lag schon ein schwacher grüner Schimmer über der hellbraunen Erde, das Getreide begann zu sprießen. Noch war dieses Grün kaum mehr als eine Vorahnung, man sah es nur aus einer bestimmten Entfernung und unter einem bestimmten Lichteinfallswinkel, aber der laue Wind und der Sonnenschein lockten die Schößlinge täglich weiter aus der Erde hervor. Aus dem dunkleren Grün der Hecken leuchteten einzelne Löwenzahnblüten hervor wie kleine gelbe Sonnen, Spiegel der Quelle des Lebens, deren Licht sie reflektierten.

Das Braunellenweibchen nahm das Leben und das Wachstum um sie her mit allen Sinnen wahr. Vom Nest aus beobachtete sie, wie die Himmelschlüssel im Gras unter ihr langsam ihre blassen Blüten entfalteten, in deren Mitte der leuchtende Kelch zum Vorschein kam, und sie verfolgte das Wachstum einer einzelnen Kuckuckslichtnelke, die immer höher wurde, bis an ihrer Spitze eines Tages fünf purpurrote Köpfchen im Wind zitterten und Insekten aller Art sich summend in die zarten Blüten drängten. Sie sah und hörte, wie sich die Blätter des Weißdorns streckten und dehnten, um das Nest schließlich mit einem zart durchbrochenen Schutzschild zu umgeben. In jedem Zweig, auf dem sie saß, rauschten leise die aufsteigenden Säfte. Ihre drängenden, pochenden Schwingungen folgten dem gleichen Rhythmus wie ihr Herzschlag, so daß sie das Gefühl hatte, ganz eins geworden zu sein mit dem Strauch. Die Pflanzenwelt, der Wind, das Licht, der Himmel, alles pulsierte in seinem eigenen Rhythmus, der sich harmonisch mit den anderen Rhythmen vereinte und die Braunelle mit warmer, zärtlicher Liebe zur Welt erfüllte.

Selbst fremde Vögel und Tiere kamen ihr weniger bedrohlich vor als sonst. Der Selbsterhaltungstrieb, der ihr zur Winterszeit jedes fremde Wesen so dunkel und gefährlich erscheinen ließ, hatte nachgelassen, so daß sie jetzt nur noch den schwarzen, unheimlichen Schatten des Falken fürchtete, der manchmal drohend über dem Flußtal kreiste. Natürlich mußten die Reviere anderer Vögel nach wie vor respektiert werden, aber selbst die schimpfenden Warnrufe, wenn jemand eine Grenze überschritt, klangen jetzt melodisch. Die Luft war von erregter, leidenschaftlicher Musik erfüllt – alle Stimmen verkündeten das gleiche, aber auf so unterschiedliche Weise, daß diese vielfältigen individuellen Ausdrucksweisen zusammen ein größeres Ganzes entstehen ließen.

Inmitten dieser allgemeinen Harmonie geschah jedoch etwas Seltsames. Das Männchen, das ihr so nahe gewesen war, erschien ihr plötzlich geheimnisvoll und fremd. Sie sehnte sich danach, die Kluft zwischen ihnen zu überbrükken, aber seine Kraft und Schönheit machten ihr Angst. Auch er spürte die Entfremdung und verdoppelte seine Anstrengungen, um sie zurückzugewinnen. Er flog ganz nahe an ihr vorbei und spreizte immer wieder die Federn, um mit ihrem Glanz und ihren Farben zu prunken. Er sang dem Weibchen seine schönsten Lieder vor und trieb seine Flugkünste auf die Spitze, doch je mehr er sich bemühte, sie zu erobern, desto mehr schüchterte er sie ein.

Die Tage wurden immer länger, und als Reaktion darauf

steigerte sich die Aktivität der Geschlechtsdrüsen des Weibchens. Für die Braunelle bedeutete das nichts anderes, als daß sie sich noch stärker zu dem Männchen hingezogen fühlte, das ihr gleichzeitig immer mehr Angst einflößte. Anziehung und Abneigung, die Angst vor seiner Überlegenheit und das Bedürfnis, sich zu unterwerfen, rissen sie hin und her.

Eines Nachmittags stand sie auf dem Zweig eines Schwarzdornstrauchs. Die weißen Blüten umstanden sie so dicht, daß ihr schwindelte. Das Männchen suchte auf dem Boden unter dem Busch nach Futter, und sie stellte fest, daß das Schwindelgefühl verging, wenn sie ihn unverwandt ansah. Ein frisch geschlüpfter Zitronenfalter flatterte unsicher über seinem Kopf. Eine große Hummel flog schwerfällig an dem Weibchen vorbei und klammerte sich krampfhaft an eine Schwarzdornblüte. Ihre Beine krallten sich am Stengel fest, und sie schob auf der Suche nach Nektar ihren Rüssel tief in den Blütenkelch; das Braunellenweibchen, das sie dabei beobachtete, wurde wieder von Schwindel erfaßt. Gleichzeitig steigerten sich Angst- und Lustgefühle in ihr so sehr, daß sie zu einem einzigen, verwirrenden physischen Verlangen verschmolzen. Sie ließ sich nach vorn fallen, und wie von selbst trugen ihre Flügel sie zum Männchen. Sie landete direkt vor ihm, kehrte ihm herausfordernd den Rükken zu, hob den Schwanz und bewegte ihn verführerisch hin und her.

Im ersten Augenblick war das Männchen über diese plötzliche Aufforderung so überrascht, daß er nicht reagierte. Als er sich dann auf sie zu bewegte, flog sie auf. Wie von einem unsichtbaren Faden gezogen, folgte ihr das Männchen – über die Felder, die Zufahrt entlang, an Little Ashden vorbei und zum Dach des Nebengebäudes, auf dem sie einander kennengelernt hatten. Das Weibchen landete, duckte sich mit der Brust auf die Dachziegel und hob leicht den Schwanz. Das Männchen landete neben ihr. Er blieb an ihrer Seite stehen und schien auf die Felder hinauszusehen; dann drehte er sich plötzlich um und sprang ihr auf den Rücken. Sie verlor das Gleichgewicht, und beide flatterten mit den Flügeln, um nicht umzufallen. Als das Männchen sein Hinterteil zu ihrem erhobenen Steiß senkte und ihre Leiber sich vereinten, begannen beide erregt zu zwitschern. Ihre Körper hoben und senkten sich, ihre Flügel flatterten, und in einem betäubenden Lustrausch ließ er sein Sperma in ihren Körper strömen.

Als dieser Lustrausch verebbte und sie sich voneinander lösten, ergriff die Angst, die sie bis dahin voneinander ferngehalten hatte, wieder Besitz von ihnen. Keiner von beiden hatte sich jemals zuvor so schutzlos preisgegeben, und in panischem Schreck darüber, einander so hilflos ausgeliefert gewesen zu sein, stoben sie nun auseinander. Vor allem das Weibchen hatte alle Selbsterhaltungsinstinkte ausschalten müssen, um eine so unterwürfige Haltung anzunehmen, und sobald diese Instinkte wieder die Oberhand gewannen, entfloh sie, als ob ihr Leben davon abhinge.

Fast eine Stunde lang saß sie zitternd im Nest, dessen schützende Wärme sie allmählich beruhigte. Dann erfaßte sie von neuem das unwiderstehliche Bedürfnis nach der Vereinigung mit dem Männchen. Die Erinnerung an den Augenblick, als sie eins geworden waren, drängte die Angst zurück, und sie wußte jetzt, daß ihre Unterwerfung zur Ekstase geführt und ihr keinen Schaden zugefügt hatte. Von nun an würden diese Erinnerung und diese Gewißheit stärker sein als ihre Angst. Sie verließ das Nest und flog in der Dämmerung wieder zu ihm.

Am nächsten Tag paarten sie sich mehrmals, und obwohl sie davor immer noch ängstlich waren und sich danach nervös und aufgeregt trennten, waren Entsetzen und Panik endgültig überwunden. Immer öfter suchten sie vertrauensvoll die Nähe des anderen, blieben zwischen den Paarungsakten beisammen, suchten Seite an Seite Futter und halfen einander beim Putzen des Gefieders, indem einer des anderen Federn glättete und ordnete. Einmal paarten sie sich auf der Ligusterhecke vor Brook Cottage. Daniel, der zufällig gerade zum Fenster hinaussah, mußte lachen über ihre hektische, leidenschaftliche Vereinigung.

Im Weibchen war ein reifes Ei befruchtet worden. Das Ei begann, vom oberen Ende des Eileiters, wo die Befruchtung stattgefunden hatte, durch die trichterförmige Röhre zur Gebärmutter zu gleiten. Während die Braunelle umherflog, auf dem Boden Futter suchte, oder sich im Nest ausruhte, lief in ihrem Körper ein wunderbarer Vorgang ab. Die Keimzelle, aus der sich der Embryo entwickeln würde, lag jetzt an der Oberseite des künftigen Dotters. Es war für die Entwicklung des Embryos wesentlich, daß die Keimzelle immer oben blieb, deshalb bildete sich während der Reise durch den Eileiter eine zähe, hautartige Membran rund um das Dotter. Die Membran war an beiden Enden zusammengedreht, und diese Enden verwuchsen später mit der Innenhaut der Schale, so daß das Dotter fast wie in einer Hängematte hing und sich jedesmal, wenn das Ei bewegt wurde, so drehen konnte, daß der Embryo in der richtigen Stellung blieb.

Gleichzeitig bildete sich rund um das Dotter eine weiße, gallertige Substanz, das Eiweiß. Es schützte das Dotter in zweifacher Hinsicht – erstens diente es als Stoßdämpfer, falls das Ei erschüttert wurde, und zweitens wehrte es alle Bakterien ab, denen es gelang, durch die Schale zu dringen.

Außerdem war das Eiweiß auch eine Proteinquelle für den wachsenden Embryo, wenn das Protein im Dotter erschöpft war.

Damit war das Innere des Eis fertig ausgebildet, und jetzt bildeten sich um Dotter und Eiweiß zwei schützende Membranschichten, so daß das Ei wie ein schlaffer, halb aufgeblasener Ballon aussah, als es endlich in die Gebärmutter gelangte. Doch dieser Ballon füllte sich nicht mit Luft, sondern das zähe, klebrige Eiweiß sog durch die Membranschichten immer mehr Wasser aus der Gebärmutter auf, bis seine Substanz soweit verdünnt war, daß es zu neunzig Prozent aus Wasser bestand. Durch diesen Vorgang schwoll das Innere des Eis an, und die beiden äußeren Membranschichten wurden straff gespannt. Jetzt war der Ballon prall gefüllt, und das Kalziumkarbonat, das der Organismus des Weibchens gespeichert hatte, begann die Oberfläche des Eis mit harten Schutzschichten zu überziehen, bis zur letzten, glänzenden Außenschicht.

Das Ei war jetzt soweit, daß es gelegt werden konnte, und als es sich der Kloakenöffnung näherte, flog das Weibchen zum Nest zurück. Während sie die letzten Vorbereitungen traf und sich immer wieder in die Mulde setzte, um sie zu wärmen, hielt das Männchen auf dem höchsten Punkt der Hecke Wache. Gelegentlich hüpfte er durch die Zweige zum Nest, um sich davon zu überzeugen, daß alles in Ordnung war, und einmal flog er kurz davon und kehrte mit Futter für das Weibchen zurück, das sich jedoch weigerte zu fressen. Als sie begann, regelmäßig und beinahe unhörbar zu piepsen, verließ er sie und flog in höchster Erregung hin und her, um das Revier von allen Seiten zu überwachen.

Die Töne, die aus der Kehle des Weibchens drangen, wurden durch den Luftstrom beim Ein- und Ausatmen verursacht, wenn sie preßte, um das Ei durch die Kloake auszustoßen. Ihr Atemrhythmus regulierte die Kontraktionen und Dehnungen der Röhre, während sich das Ei der Öffnung näherte. Als der Druck den Höhepunkt erreichte, hob sie ihr Hinterteil ein wenig, und das Ei begann aus der Öffnung zu treten. Noch einige Schübe, und es glitt sanft aus ihrem Körper und blieb in der weichen, warmen Nestmulde liegen.

Sie sprang sofort aus dem Nest und betrachtete, was sie da hervorgebracht hatte. Das Ei war ein vollkommenes, winziges Oval von der durchscheinenden, lichtblauen Farbe des Himmels, die sie so sehr liebte. Sie hatte ein kleines Stück Himmel durch ihren Körper auf die Erde herabgezogen, und ihre Brust weitete sich vor Freude. Das aufgeregte Zwitschern, das aus ihr hervorbrach, rief das Männchen herbei. Nebeneinander stehend bestaunten sie das Wunder.

Das Vermehrungsfieber hatte sie jetzt erfaßt, und bald nachdem das erste Ei gelegt war, flogen sie in jener rituellen Verfolgungsjagd über die Felder und Bäume am Flußufer, die der Auftakt zur nächsten Paarung war. Das Ei im Nest begann auszukühlen; dabei schrumpfte es ein wenig, und die beiden Schutzmembranen direkt unterhalb der Schale lösten sich am breiteren Ende gerade so weit ab, daß ein kleiner, luftgefüllter Freiraum entstand. Unmittelbar vor dem Ausschlüpfen würde das Küken die innere Membran zerreißen und seine Lungen mit der Luft aus dieser Kammer füllen, ehe es begann, die Schale aufzubrechen. Dieser Augenblick war jedoch noch fern, und bis dahin konnte der Embryo den nötigen Sauerstoff der Flüssigkeit innerhalb der Schale entnehmen. Für das menschliche Auge sah diese blaue Schale fest und undurchdringlich aus, in Wirklichkeit aber hatte sie zwischen den Kristallen, die die äußere Oberfläche bildeten, hunderte kleine Löcher. Durch diese Poren drang Luft in das Innere und zirkulierte durch die unzähligen winzigen Kanäle an der Innenseite der Schale, aus denen der lebenswichtige Sauerstoff durch die Membranen und durch das Eiweiß bis in das Dotter gelangte.

In den folgenden vier Tagen legte das Weibchen noch drei Eier. Während dieser Zeit beherrschten drei vorrangige Bedürfnisse ihren Tagesablauf: die Notwendigkeit, ihrem Körper die Nahrung zuzuführen, die er brauchte, um Eier hervorzubringen; die Lust, sich zu paaren; und der Drang, in der Nähe des Nestes zu bleiben. Obwohl sie oft auf Futtersuche ging, ergänzte das Männchen ihren Speisezettel, indem er ihr Futter zum Nest brachte. Was die Paarung betraf, so hatten beide allmählich die Angst abgelegt, die sie anfangs so scheu gemacht hatte. Die Verfolgungsjagden und das ganze komplizierte Ritual von Zeichen und Gesten, die ihnen geholfen hatten, ihre angeborene Angst zu überwinden, verloren ihre Bedeutung als Vorspiel. Als das letzte Ei befruchtet war und begonnen hatte, im Körper des Weibchens zu wachsen, ließ ihr sexuelles Verlangen nach und war einen Tag, nachdem sie das Ei gelegt hatte, endgültig erloschen.

Das Weibchen fühlte sich jetzt eigentlich nur noch dann wohl, wenn es in der Nähe des Nestes wachte und dafür sorgte, daß die Eier die richtige Temperatur behielten. Sie begann zwar erst zu brüten, wenn das Gelege vollständig war, aber bis dahin durfte die Temperatur der Eier weder so weit ansteigen, daß die Embryos anfingen, sich zu entwikkeln, noch soweit absinken, daß die Embryos eingingen. Deshalb hatte das Weibchen schon zeitweise auf ihnen gesessen, damit sie nicht zu sehr auskühlten, und sie auch öfter umgedreht, damit die Temperatur ungefähr konstant blieb. Ihre Sorgfalt beim Nestbau machte sich jetzt bezahlt, denn das Nest war so gut isoliert, daß es ihre Körperwärme lange halten konnte. Wenn die Lufttempratur nachts bedrohlich absank, stand das Weibchen oft stundenlang ohne zu ermüden im Nest, und die Unterseite ihres Körpers schützte die Eier vor der Kälte.

Nachdem sie das vierte Ei gelegt hatte und das Gelege damit vollständig war, ging in ihrem Körper neuerlich eine Veränderung vor. Der Sexualtrieb wurde schwächer und hörte schließlich ganz auf. Das Blut, das vorher vor allem in jene Organe geströmt war, die für das Wachstum der Eier wichtig waren, wurde jetzt vermehrt durch die Haut an der Unterseite ihres Körpers gepumpt. Hier füllten und weiteten sich die Kapillargefäße, so daß ihr Körper dort am wärmsten war, wo er die Eier berührte. In den nächsten beiden Wochen würde sie drei Viertel ihrer Zeit damit verbringen, ihre Jungen zu wärmen. Das Nest war jetzt der Schmelztiegel, in dem sich aus den Chemikalien im Inneren der Eier die wesentlichen Elemente des Lebens bildeten. Deshalb ließ sich das Weibchen geduldig nieder, um das Feuer bereitzustellen, aus dem der geheimnisvolle Lebensfunke sprühen würde.

8

Eine Geburtstagsparty – Die Braunelle wird gestört – Die Eier entwickeln sich – Regen – Ein Lastwagenfahrer nimmt eine Abkürzung

»Was ist das Schicksal?« fragte ein Gelehrter Nasrudin.

»Eine endlose Aufeinanderfolge von miteinander verflochtenen Ereignissen, die einander gegenseitig beeinflussen.«

»Diese Antwort ist kaum zufriedenstellend. Ich glaube an Ursache und Wirkung.«

»Sehr schön«, antwortete der Mullah, »dann sieh dir das an.« Er zeigte auf eine Prozession, die auf der Straße vorbeizog. »Der Mann wird zum Galgen geführt. Geschieht es, weil ihm jemand eine Silbermünze geschenkt und ihm damit die Möglichkeit gegeben hat, das Messer zu kaufen, mit dem er den Mord begangen hat? Oder weil jemand gesehen hat, wie er zustach? Oder weil niemand ihn daran gehindert hat?«

Idries Shah: *The Exploits of the Incomparable Mulla Nasrudin*

An dem Samstag, als das Braunellenweibchen zu brüten begann, feierte Theo Lawrence seinen siebzigsten Geburtstag. Die hektischen Vorbereitungen für das festliche Mittagessen begannen bereits am frühen Morgen. Mary war durch ihre Arthritis etwas behindert, deshalb kamen Jill Siddy und Eve Conrad nach Little Ashden, um zu helfen, und sogar Jim konnte dazu überredet werden, die Felder ein paar Stunden im Stich zu lassen, in die Stadt zu fahren und Wein und Bier zu holen.

Auch für Daniel war es ein besonderer Tag. Endlich mußte er sein Bein nicht mehr in der Waagrechten halten, und so hüpfte und schwang er sich zu Mittag auf seinen Krücken von Brook Cottage nach Little Ashden, gestützt von seiner ängstlich besorgten Mutter. Nachdem er so viele Wochen gelegen hatte, war es anstrengend, aber es tat gut, sich wieder bewegen zu können, und er war entschlossen, nach der Party den Heimweg allein zu schaffen. Nur wenn ihm das gelang und er unterwegs das Braunellennest fand, auf das er schon so gespannt war, würde er sich wieder so richtig unabhängig fühlen.

Um zwölf Uhr dreißig trafen Theos erste Gäste ein. Die ungewöhnlich vielen Autos, die bremsten und hinunterschalteten, wenn sie in die Zufahrt einbogen, beunruhigten das Braunellenweibchen, das auf den kostbaren Eiern saß, und sie zuckte jedesmal nervös zusammen, wenn eines vorüberfuhr und das Geräusch der zugeschlagenen Türen über die Weide hallte.

Dann blieb es lange Zeit still, und sie entspannte sich, weil sie spürte, daß das Gelächter und das Stimmengewirr, die aus den offenen Fenstern von Little Ashden zu ihr drangen, keine Gefahr darstellten. Doch gegen Ende des Nachmittags wurde ihr noch einmal angst und bange, als neuerlich Türen laut ins Schloß fielen und die Autos über den holprigen Fahrweg rumpelten und ratterten. Beinahe eine Stunde lang legte sie sich immer wieder ganz dicht über ihre Eier, wenn diese Geräusche näherkamen und der Luftzug, den die abfahrenden Autos erzeugten, die Hecke erzittern ließ.

Gegen sechs Uhr verabschiedete sich der letzte Gast. Niemand erlaubte Theo, beim Aufräumen zu helfen, und so ging er ins Wohnzimmer und warf einen flüchtigen Blick auf die Glückwunschkarten und die Geschenke. Es war eine schöne Party gewesen, aber jetzt war ihm seltsam melancholisch zumute, deshalb ging er in sein Zimmer hinauf, um sich umzuziehen. Ein langer, anstrengender Spaziergang würde ihm wahrscheinlich gut tun.

Am Ende der Zufahrt traf er Daniel, der auf seinen Krükken die Hecke entlanghüpfte und in das Astwerk spähte. Als Daniel verlegen lachend von seiner symbolischen Nestsuche erzählte, bot Theo ihm seine Hilfe an und bog vorsichtig die Zweige auseinander.

Das Braunellenweibchen hatte mit wachsender Angst erst eine und dann eine zweite Gestalt näherkommen gesehen. Dann griff plötzlich eine Hand nach den Ästen, schob den schützenden Blätterschirm zur Seite, und zwei große Gesichter beugten sich über sie. Zermürbt von dem Lärm und der Uhruhe des Tages geriet sie nun endgültig in Panik, flog entsetzt kreischend auf und hoffte, sie könnte die Angreifer hinter sich her und von den Eiern weglocken.

Theo und Daniel erschraken über ihre überstürzte Flucht beinahe ebenso sehr, wie die Braunelle über ihr Kommen erschrocken war. Sie warfen einen kurzen Blick auf die blauen

Eier im Nest, dann traten sie zurück und ließen den Ast zurückschnellen; es tat ihnen leid, daß sie den Vogel gestört hatten. Theo begleitete Daniel bis zum Gartentor von Brook Cottage und ging dann rasch weiter. Er bog in den Fußweg zum Ramsell Lake ein, atmete tief durch und versuchte durch körperliche Anstrengung seine depressive Stimmung zu überwinden.

Beinahe eine Stunde später, als das Weibchen sich endlich wieder zum Nest zurückwagte und auf den Eiern niederließ, beendete Theo seinen Rundgang. Von der Brücke oberhalb von Brook Cottage aus sah er erschöpft und schwer atmend in das Tal hinunter zu seinem Haus und der dahinterliegenden Forge Farm. Seine Beine zitterten, und schwankend drehte er sich um, um in die Sonne zu schauen. Sie hatte groß, leuchtend und golden am Himmel gestanden, als er sich auf den Weg machte, aber jetzt war sie eine kleine, rote Kugel, halb verdeckt von einem schmalen Wolkenstreifen dicht über dem Horizont. Sie sank schnell, und Theo beobachtete, wie sie aus den Wolken trat und auf die fernen Hügel zuglitt. Sie nahm sich jetzt aus wie ein kreisrundes dunkelrotes Loch – als hätte jemand eine Kugel abgefeuert und damit bewiesen, daß der Himmel nur eine dünne Schicht war, die die Erde umgab, und jenseits derer eine Hölle von geschmolzenem Metall glühte.

In Theos Augäpfeln pochte der Schmerz, während er zusah, wie die Sonne hinter den Hügeln versank. Das Licht zog sich rasend schnell zu einem letzten, kleinen Halbmond am Horizont zusammen, der Halbmond verwandelte sich in einen dünnen Strich und verschwand. Die Dunkelheit brach ein, und die Luft wurde schlagartig kühl und feucht.

Der Fuchs, der einer Kaninchenfährte folgte, kam aus dem Wald, erblickte Theos dunkle Gestalt, die allein in der Dämmerung stand, und erstarrte. Seine Nackenhaare sträubten sich. Theo bemerkte nicht, wie das Kaninchen hinter seinem Rücken über das Feld hoppelte und zwischen den Wurzeln einer Eiche im sicheren Bau verschwand.

In den zwei Tagen, seitdem das Braunellenweibchen die Eier bebrütete, hatten sich die Keimzellen allmählich zu Embryos entwickelt. Der blasse Fleck auf der Oberfläche der Dotter hatte ein feines Netz von Blutgefäßen ausgesandt, das das nahrhafte Protein aus dem Ei sog. Das Blut hatte den runden Fleck dunkel gefärbt, und dort, wo der Kopf und der Körper zu entstehen begannen, zeichneten sich bereits zwei deutliche Ausbuchtungen ab.

Während der langen Stunden, in denen das Weibchen auf dem Nest saß, lernte sie die Hecke genau kennen. Sie und die Eier waren verletzlich, deshalb achtete sie auf jede Bewegung und jedes Geräusch, die vielleicht auf eine Gefahr hindeuteten. Nach und nach lernte sie die Geräusche jedes einzelnen Blattes zu unterscheiden und erkannte die unendlich vielen Rhythmen und Melodien des Windes, wenn er seine Richtung oder seine Geschwindigkeit änderte. Sie nahm auch die unterschiedlichen Farbtöne und Muster der Zweige und Blätter wahr, und wie sich mit dem wechselnden Licht Farben und Formen veränderten.

Nichts entging ihrer wachsamen Aufmerksamkeit, und jede neue Erfahrung war ein Gewinn für sie. Sie beobachtete jede Pollenwolke, die sich von den blühenden Haselnußkätzchen erhob, und folgte dem gelben Staub mit den Blicken, wenn er zu Boden sank. Kein Insekt kam in ihr Gesichtsfeld, ohne daß sie die Lichtreflexe auf seinen Flügeln, seine besondere Flugtechnik und sein Summen registrierte, wenn es an der Hecke vorüberflog. Sie beobachtete die graziösen Bewegungen einer Haselmaus, die an den langen Stielen der

Farne und Gräser am Fuß der Hecke auf und ab kletterte und deren langer Schwanz sich dabei um alles schlang, was er berührte. Sie hörte die hohen Schreie eines langen Kampfes zwischen zwei Spitzmäusen auf dem Feld und die fernen, gedämpften Geräusche der menschlichen Aktivitäten in Brook Cottage.

Vor allem aber achtete sie auf Gestalt, Geschwindigkeit und Flugrichtung jedes vorbeiziehenden Vogels und schloß aus seiner Kopfhaltung und dem Rhythmus seiner Flügelschläge auf seine Absichten. Deshalb drückte sie sich tiefer in das Nest, als eine Krähe mit langsamen Flügelschlägen und gesenktem Kopf über ihr hinwegzog, denn ihr war klar, daß die Krähe Futter suchte. Erst als diese Gefahr außer Sichtweite war, richtete sich das Braunellenweibchen wieder auf; ihre Aufmerksamkeit wurde sofort von den rhythmischen Bewegungen einer Blindschleiche gefesselt, die gemächlich über den rauhen Teerbelag des Fahrwegs glitt.

So als fühlte das treue Männchen ihre Bedürfnisse, erschien es immer, wenn sie das Stillsitzenmüssen nicht länger ertragen konnte. Dann blieb er in der Nähe des Nestes, um die Eier zu bewachen, und sie konnte die steifen Flügel im Flug strecken. Während dieser Brütpausen suchte sie nur selten Futter, weil ihr das Männchen die Nahrung ja zum Nest brachte, sondern entspannte lieber ihre verkrampften Muskeln und schmerzenden Gelenke durch Flugbewegungen oder Herumhüpfen. Sonst rührte sie sich nur vom Fleck, wenn sie auf den Rand des Nestes hüpfte, um in regelmäßigen Abständen die Eier zu wenden, damit die Wärme sich gleichmäßig verteilte. Diese Aufgabe bereitete ihr beträchtliche Schwierigkeiten. Manchmal rollte ein Ei zu weit oder zu wenig weit, wenn sie es mit dem Schnabel oder dem Kopf anstieß, um dann, wenn sie den Fehler korrigieren wollte, wiederum zu weit in die andere Richtung zu rollen.

Manchmal neigte sie sich auch zu weit vor, verlor das Gleichgewicht, purzelte auf die Eier, brachte ihre Ordnung durcheinander und mußte von neuem beginnen.

Als sie den vierten Tag auf den Eiern saß, setzte kurz vor Tagesanbruch heftiger Regen ein. Die Zweige über ihr schützten sie lange Zeit vor der Nässe, aber irgendwann gaben die jungen Blätter den trommelnden Tropfen nach und neigten sich hinunter, so daß Wasser auf das Nest tropfte. Das Weibchen plusterte die Federn so weit wie möglich auf und breitete die Flügel aus, damit die Nestränder nicht feucht wurden. Immer wieder mußte sie aufstehen und sich schütteln, um das Wasser abzubeuteln, bevor sie sich neuerlich auf die Eier setzte. Im Gegensatz zu ihr konnte sich das Männchen frei bewegen und jene Plätze meiden, wo die Tropfen am dichtesten fielen, aber er durfte immer nur auf ganz kurze Zeit in den Regen hinausfliegen und mußte daher am Fuß der Hecke nach Futter suchen. Auch hier zwang das Wetter die meisten Insekten, in ihrem sicheren Versteck zu bleiben, und so fand er nur wenig Nahrung. Wenn er es mit seinem spitzen Schnabel endlich schaffte, in eine Spalte einzudringen und etwas Eßbares herauszuholen, flog er zurück und brachte es dem Weibchen. Er war hungrig, aber das Wichtigste war, daß ihre Körpertemperatur hoch blieb, damit die Eier die nötige Wärme bekamen – beide Braunellen fühlten jetzt instinktiv, daß sie in erster Linie das neue Leben in den Eierschalen zu schützen und zu ernähren hatten.

Als im Lauf des Vormittags der Briefträger und der Milchmann kurz nacheinander vor Brook Cottage hielten, waren die Federn auf dem Rücken und dem Kopf des Weibchens bereits dunkel und strähnig von dem Wasser, das quälend gleichmäßig auf sie herabtropfte. Die Ankunft des Briefträgers erschreckte sie jedesmal. Der Auspuff seines Autos war locker und schlug gegen die Bodenplatte, wenn der Wagen mit laufendem Motor vor dem Tor hielt. Außerdem warf der Briefträger beim Ein- und Aussteigen immer laut die Wagentür zu, und seine großen Stiefel mit den genagelten Absätzen klapperten bei jedem Schritt. Das leise surrende Geräusch, das der Elektrokarren des Milchmanns von sich gab, mochte sie dagegen recht gern. Außerdem pfiff der Milchmann immer ein Lied, sogar heute im strömenden Regen, und wenn er ankam oder wegfuhr, klingelten und klirrten die Flaschen, so daß sein Besuch ein musikalisches Ereignis war, das ihr gefiel. Während der wenigen Minuten, in denen er sich in ihrer Nähe befand, gelang es ihr, ihre körperlichen Beschwerden zu vergessen.

Seit der Kältewelle im Winter hatte sie nicht mehr so gefroren wie jetzt. Die großen Wassertropfen, die auf sie herunterklatschten, begannen sie bis auf die Haut zu durchnässen, weil sich ihre normalerweise wasserundurchlässigen Federn vollgesogen hatten. Außerdem hatte sie dadurch, daß sie die Flügel ausbreitete, um das Nest zu schützen, deren abschirmende Wirkung wesentlich herabgesetzt. Sie zitterte vor Kälte, und außerdem war sie schrecklich hungrig, obwohl ihr das Männchen zweimal ein wenig Futter gebracht hatte. Doch keinen Augenblick kam ihr der Gedanke, das Brutgeschäft zu unterbrechen – eher wäre sie erfroren. Daher berührte infolge ihrer liebevollen Hingabe kein Wassertropfen die Eier, deren Temperatur konstant blieb.

Innerhalb der Eierschalen wuchsen die Embryos schnell heran. Die meisten inneren Organe der jungen Vögel hatten schon Gestalt angenommen – das winzige Herz, die Lunge, die Leber – und auch die Hauptteile der Gliedmaßen bildeten sich nun. Stündlich fanden neue Entwicklungen statt. Während der sieben Stunden nach dem Besuch des Milchmannes, in denen es unaufhaltsam weiterregnete, kamen die Embryos durch verblüffende Veränderungen dem Ziel, identifizierbare Geschöpfe zu werden, um ein gutes Stück näher. Nach Ablauf dieser sieben Stunden hielt ein weiteres Fahrzeug vor Brook Cottage. Edward Sandars, ein alter Freund von Eve Conrad, beschloß seinen Wagen vor dem Tor stehenzulassen, statt ihn auf dem betonierten Vorplatz der Garage abzustellen, wo er sonst parkte. Er hatte keine Lust, naß zu werden, und schließlich blieb ja noch genügend Platz für eventuell vorbeikommende Autos. Edward zog sich den Regenmantel über den Kopf, öffnete die Wagentür und lief in die Wärme und Sicherheit des Hauses.

Der Lastwagenfahrer war todmüde. Seine Kleidung war noch feucht, weil er lange im Regen gestanden hatte, als er den Sand ab- und die alten Balken und Ziegel des abgebrochenen Hauses aufgeladen hatte. Der nasse Staub hatte seine Haare verfilzt, und er sah im Rückspiegel, daß seine Augen blutunterlaufen waren. Er wollte nur eines: rasch nach Hause und unter die heiße Dusche. Jetzt steckte er jedoch auf der Hauptstraße in einer endlosen, langsam dahinkriechenden Kolonne. Er wußte, daß bald eine kleine Straße abzweigte, die ihm mehr als acht Kilometer und das endlose Kriechen ersparen würde. Sie war zwar schmal und gewunden und für Lastkraftwagen daher eigentlich gesperrt, aber die Wahrscheinlichkeit, daß ihn die Polizei bei diesem Wetter erwischte, war gering. Er blinkte und bog nach rechts ab; falls ihn jemand ertappte, würde ihm bestimmt eine Ausrede einfallen.

Sobald er freie Bahn hatte und ungehindert dahinbrausen konnte, legten sich seine Spannung und Müdigkeit. Es machte ihm Spaß, den schweren Wagen durch die engen Kurven zu ziehen: Er kam sich fast wie ein Rallyefahrer vor. Der Regen trommelte gegen die Windschutzscheibe und wurde von den Scheibenwischern weggefegt. Tiefhängende Äste streiften das Dach des Fahrerhäuschens, und hinter ihm ratterten Balken und Ziegel fröhlich, wenn der Laster über eine Bodenwelle holperte.

Als er Brook Cottage erreichte, mußte er bremsen und stehenbleiben. Irgendein Idiot hatte seinen Wagen so abgestellt, daß er die halbe Straße versperrte. Er hupte, weil er hoffte, daß der Fahrer noch im Wagen saß, aber hinter den beschlagenen Scheiben rührte sich nichts. Verdammt! Jetzt mußte er reversieren, eine Stelle finden, an der er wenden konnte, und den ganzen Weg wieder zurückfahren. Es sei denn... Er kurbelte das Fenster hinunter und streckte den Kopf in den Regen hinaus. Ja, er kam wahrscheinlich vorbei, wenn er in die Hecke hineinfuhr. Er schlug das Lenkrad ein und manövrierte den vorderen Teil des Lastwagens um das Auto herum. Ein Blick in den Rückspiegel – er hatte es beinahe geschafft, aber es würde knapp werden. Er drehte das Lenkrad noch weiter nach rechts und drückte sich noch enger gegen die Hecke. Die Zweige scheuerten quietschend über den Lack der Tür, er gab vorsichtig Gas, das Vorderrad drehte sich auf dem triefend nassen Gras einen Augenblick lang durch, dann griff es, und der Lastwagen schwankte mit einem Ruck vorwärts.

Das Braunellenweibchen hatte den Lastwagen kommen gehört und gesehen, wie er mit bedrohlichem Tuckern stehenblieb. Die Hupe hatte sie erschreckt, und das Männchen war aufgeregt herbeigeflogen. Beide hatten entsetzt zugesehen, wie ihnen das Ungeheuer das Gesicht zuwandte und immer näher und näher kam. Als es ihnen die Sicht verstellte und die Luft von seiner schrecklichen Stimme erfüllt war, hatte die Hecke zu ächzen und zu schwanken begonnen. Jetzt grub sich das große schwarze Ding vor ihnen in den Boden und schleuderte Schlammbrocken und Gras durch die Zweige. Ein heftiger Ruck, das Untier sprang vorwärts, erfaßte den Zweig, auf dem das Nest stand, und riß ihn mit sich. Das Weibchen flog entsetzt auf, als der Zweig sich bog.

Der Fahrer hörte ein Knirschen, als sich etwas im Trittbrett verfing. Er trat auf das Gaspedal, und der Lastwagen riß sich von dem Hindernis los.

Der Zweig war so weit abgebogen worden, daß er beinahe brach, und schnellte jetzt wie eine Schleuder zurück. Der Sockel des Nestes löste sich auf, und die gepolsterte Mulde wurde mitsamt den Eiern auf den Boden geschleudert. Zwei Eier wurden von den Hinterrädern des Lastwagens zermalmt, das dritte zerbrach, als es auf dem Boden aufschlug, und das vierte landete unbeschädigt in einem Grasbüschel.

Als der Lastwagen verschwand, waren die Braunellen noch eine ganze Weile zu verängstigt, um zur Hecke zurückzukehren. Erst als weit und breit kein Laut mehr zu hören war, flogen sie zum Nest zurück. Die Reste des Sockels hingen noch an der Stelle, wo sich das Nest befunden hatte, und einen Augenblick glaubte das Weibchen, sie hätte den Eingang verfehlt und befände sich in einem anderen Teil der Hecke; doch als sie hinunterblickte und am Boden das zerstörte Nest und die zerdrückten Eier liegen sah, entfuhr ihrer Kehle ein erregter Zornschrei. Sie beugte sich so weit vor, daß sie beinahe vornüber gekippt wäre.

Der dichte Regen hatte den gallertigen Inhalt der zerbrochenen Eier schon aufgelöst, und während sie das grausige Werk der Zerstörung betrachteten, fühlten die beiden Vögel den kalten Hauch des Todes. Verstört flogen sie auf, kehrten aber gleich wieder zurück.

Das Weibchen saß vor dem dritten Ei, das den Rädern entgangen war. Der Regen spülte das noch unversehrte Eidotter an den Straßenrand, wo das Wasser jetzt schnell dahinschoß. Als es von der Strömung erfaßt wurde, drehte es sich im Kreis, und man sah das Netz der Blutgefäße, die von dem dunklen Fleck ausgingen, an dem sich der Embryo entwickelt hatte. Die Braunelle flog ein paar Meter weiter, legte den Kopf schief und sah zu, wie es an ihr vorbei auf den Kanal zutrieb, durch den das Wasser unterirdisch zum Fluß geleitet wurde. Als es verschwand, flog sie, von hilflosem Zorn überwältigt, verzweifelt piepsend in die Abenddämmerung hinaus. Unter der dichten Wolkendecke wurde es bald finster, doch sie flog, dicht gefolgt vom Männchen, ziellos weiter von Zweig zu Zweig und stieß dabei unaufhaltsam ihren schrillen Klageruf aus.

Erschöpft und halb blind in der zunehmenden Dunkelheit kehrte sie schließlich zur Hecke zurück. Sie zwängte sich noch einmal durch die Zweige, um die Bruchstücke der Eierschalen zu betrachten. Am Rande ihres Gesichtsfeldes erblickte sie etwas, das wie ein größeres Stück Schale aussah und in einem Grasbüschel steckte. Sie glitt hinunter und fand das unversehrte Ei.

Hoch über ihrem Kopf sammelte sich am Ende eines Blattes das Regenwasser und tropfte genau auf das Ei, das auszukühlen begann. Die Blutzufuhr zum Embryo hatte beinahe aufgehört, aber das Weibchen spürte, daß noch Leben in dem Ei war. Sie begann sofort, es mit dem Schnabel wegzuschieben, um es vor den Wassertropfen zu retten. Die Grashalme waren ihr im Weg und jedesmal, wenn sie das Ei ein Stück weggestupst hatte, rollte es wieder in die Mitte des Grasbüschels zurück. Verzweifelt hüpfte sie schließlich zu dem Ei hin und legte sich schützend darüber, so als könnte sie hier auf dem Boden weiterbrüten. Doch es fühlte sich unter ihr kalt an, und sie schoß in die Höhe, als wäre sie mit dem Tod in Berührung gekommen.

Von ihrem Gezwitscher angelockt flog das Männchen herbei und versuchte mit ihr gemeinsam, das Ei wegzurollen. Die Finsternis wurde immer dichter, und obwohl sie ihre vergeblichen Bemühungen nicht aufgaben, wuchs ihre Angst vor einem Angriff. Als Edward Sandars aus dem Haus trat und seine Schritte durch die Nacht auf sie zukamen, flatterten sie in die Hecke hinauf und versteckten sich noch tiefer in der Sicherheit des Astgewirrs, als das Licht seiner Scheinwerfer sie streifte.

Zitternd saßen sie aneinander gedrängt im Dickicht. In der vollkommenen Finsternis wagten sie nicht, zu dem Ei zurückzukehren, wollten es aber auch nicht im Stich lassen und suchten daher nicht ihren üblichen Schlafplatz auf. Stunden später hörten sie, wie etwas raschelnd am Fuß der Hecke entlangschlich.

Trotz des scheußlichen Wetters hatte der Duft von zerbrochenen Eiern, den der Wind ihm zugetragen hatte, den Igel aus seiner Höhle am Ufer gelockt. Er war hungrig aus dem Winterschlaf erwacht, und der Geruch hatte seinen Hunger verschärft. Seine ausgezeichnete Nase führte ihn geradewegs zu den Eidotterspuren, die noch auf der unebenen Oberfläche der Straße klebten, und er leckte sie gierig auf. Dann folgte er dem schwächeren Geruch, der aus dem Grasbüschel aufstieg. Er trippelte durch das schnellfließende Wasser am Straßenrand, blieb witternd stehen, um sich davon zu überzeugen, daß alles in Ordnung war, und näherte seine Nase vorsichtig dem Ei. Dann sperrte er das Maul weit auf, seine spitzen Vorderzähne schlugen sich in die Schale, und noch ehe ihr Inhalt ausfließen konnte, schleckte und saugte er sie aus, wobei der Schmerz in seinem Magen endlich nachließ. Als er in seine Höhle zurückkehrte, war ihm bereits wärmer, und er fühlte sich gestärkt. Das Leben war gut zu ihm gewesen.

9

Der Kuckuck auf Wanderschaft – Die Wüste – Rast am Meer – Sardinien – Korsika – Der Mistral weht – Ein Umweg – Ein Unfall

Du kannst dich der Welt erst richtig erfreuen, wenn das Meer selbst in deinen Adern fließt, wenn du in den Himmel gekleidet und mit den Sternen gekrönt bist.

Thomas Traherne: *Centuries of Meditation*

Die lange Reise des Kuckucksweibchens begann um die Mitte der ersten Aprilwoche. Sie hatte wochenlang sehr viel gefressen, um sich die nötigen Fettreserven für den anstrengenden Flug zuzulegen, und nach der Mauser ihr Gefieder besondes sorgfältig gepflegt. Als ihr Körper am Höhepunkt seiner Leistungsfähigkeit angelangt war, wurde sie von einer seltsamen Angst und Unruhe erfaßt. Sie verließ eines Nachmittags den Affenbrotbaum, auf dem sie saß, und stieg höher und immer höher zum Himmel empor, bis Verwirrung und Angst auf einmal von ihr abfielen.

Die Höhe und die unabsehbare Weite erfüllten sie mit Behagen. Sie beschrieb einen großen Kreis, fühlte sich dann nach Norden gezogen und flog mit gemächlichen, aber stetigen und kraftvollen Flügelschlägen weiter in diese Richtung. Seit unzähligen Generationen waren ihre Vorfahren dieser Route gefolgt, und daher kam die tief in ihr verborgene Erinnerung, die bewirkte, daß das Kuckucksweibchen sich wohlfühlte, solange es sich auf dem richtigen Kurs befand.

Spät am ersten Abend sah sie viele Meilen zu ihrer Rechten das Mondlicht auf dem Tschadsee flimmern. Sie war mehr als zwölf Stunden geflogen, und ihre Reiselust hätte sie noch weitergetrieben, aber etwas hielt sie davon ab. Vor ihr lagen beinahe zweitausend Kilometer öder Wildnis, glutheiß und ohne Rastmöglichkeiten, die ihre Kräfte aufs äußerste beanspruchen würden. Solange sie noch ein bißchen Schatten, Wasser und Nahrung fand, mußte sie das ausnützen.

Kurz vor Tagesanbruch blitzte einer der beiden Sterne, die hoch über ihr am Himmel standen, auch unterhalb von ihr auf. Sie schaute hinunter und sah, daß sich der Stern in einer kleinen Wasserpfütze spiegelte. Als sie im Sturzflug darauf zusteuerte, sah sie das Spiegelbild des Mondes in dem Wasserloch. Es wurde größer und immer größer, bis sie das Gefühl hatte, als ob sie, von Schwindel erfaßt, aufwärts fiele. Im letzten Augenblick rissen die Konturen einiger Bäume sie aus ihrer Verzauberung; sie richtete sich senkrecht auf und stellte die Flügel schräg, um ihre Fallgeschwindigkeit zu bremsen. Dann streckte sie die Beine vor, um den Aufprall bei der Landung abzufangen, und ihre Füße tauchten in den Schlamm am Rande des Wasserlochs. Gewöhnlich deckte sie ihren Wasserbedarf hauptsächlich aus den Insekten, die sie fraß, doch schon nach diesem relativ kurzen Flug war sie sehr durstig und trank gierig.

Während der Tagesstunden versuchte sie, sich im spärlichen Schatten eines der Dornbüsche, die in der Nähe des Wassers wuchsen, vor der Sonne zu schützen. Einmal stieß eine Schar ziehender Schwalben herab und drängte sich um den schlammigen Rand der kleinen Quelle; sie schoben einander zwitschernd weg, um zu dem kostbaren Wasser zu gelangen, doch noch ehe die letzten ihren Durst gestillt hatten, schwang sich der Anführer des Zuges in die Luft, und der Schwarm folgte ihm.

Später kam ein Feldeggsfalke vorbei und musterte das Kuckucksweibchen herrisch, bevor er kurz den Kopf senkte und trank. Als sein Durst gelöscht war, stolzierte er zu dem Strauch, unter dem das Weibchen saß. Sie wendete den Kopf ab, beobachtete ihn jedoch aus den Augenwinkeln, um sich sofort zurückziehen zu können, falls er sie in seinem Revier nicht dulden sollte. Doch plötzlich sprang er mit einem Satz in die Höhe, breitete die langen, spitzen Flügel aus und erhob sich in die Lüfte. Sein kraftvoller Flug wirkte so majestätisch, daß sie sich instinktiv duckte und den Schnabel halb ängstlich, halb drohend öffnete, aber er zog hochmütig über sie hinweg, ohne sie auch nur eines Blickes zu würdigen. Er geriet beinahe sofort in einen Aufwind, streckte träge die Flügel und ließ sich in die Höhe tragen, bis er nur noch ein Punkt am weißblauen Himmel war.

Als die Sonne endlich riesig und rot hinter der zitternden Linie des westlichen Horizonts versank, erwachte die Halbwüste wieder zum Leben. Geschöpfe, die sich im Schatten ihrer Löcher und Spalten vor der brennenden Hitze versteckt hatten, kamen jetzt heraus, um zu jagen und ihrerseits gejagt zu werden. Das Kuckucksweibchen ging ebenfalls auf die Jagd und stockte ihre Energie mit den vielen Insekten auf, die die Dämmerung ins Freie gelockt hatte. Als sie satt war, blieb sie noch ein paar Minuten am Tümpel und trank soviel sie konnte; sie würde auf einer Strecke von beinahe zweitausend Kilometern kein Wasser mehr finden.

Am Himmel standen noch Lichtstreifen, als sie aufflog und die vom Boden aufsteigende warme Luft ausnützte, um sich mit minimaler Anstrengung hinauftragen zu lassen. In der dünneren Atmosphäre in tausend Meter Höhe begann sie wieder gleichmäßig und rhythmisch nach Norden zu fliegen und ihren Kurs dabei so auszurichten, daß das Muster von Mond und Sternen jenes harmonische Gefühl in ihr auslöste, das ihr bestätigte, daß sie sich auf der richtigen Route befand.

Die bitterkalte Nachtluft über der Wüste sorgte dafür, daß das Kuckucksweibchen kaum Feuchtigkeit verlor, und weil sie noch ausgeruht war, flog sie schneller. Unter ihr glänzte die wellige Oberfläche eines endlosen Sandmeers im Mondlicht silbergrau, und der Wechsel von Licht und Schatten zwischen Dünenbergen und Dünentälern ließ Muster entstehen, die sie verwirrten, wenn sie zu lange hinsah. Darum behielt sie unverwandt die Sternbilder im Auge und bewegte ihre Flügel so rhythmisch und gleichmäßig, daß sie in eine Art Hypnose verfiel und den Wechsel von der Nacht zum Tag kaum bemerkte; nur ihr Flugtempo verlangsamte sich automatisch, je heißer es wurde.

Als die Sonne zu Mittag ihren höchsten Stand erreicht hatte, war an die Stelle des Sandes eine riesige, dunkelbraune Schotterfläche getreten. Diese öde Wildnis war so flach und einförmig, daß sie selbst dann noch schattenlos blieb, wenn die Sonne nicht mehr senkrecht über ihr stand, sondern bereits langsam auf den westlichen Horizont zurollte. Erst am späten Nachmittag erreichten die Sonnenstrahlen die Ränder der zahllosen kleinen Steine, die dann Millionen winziger Schatten nach Osten warfen. Um diese Zeit streiften die Sonnenstrahlen auch die fernen Vorhügel der Berge; nach der gleißend hellen Eintönigkeit der Ebene waren die zarten Rosa- und Violettöne des weichen Abendlichts auf den Granithängen eine Erholung für die Augen des Weibchens, und die kühlere Luft erfrischte sie.

Eine Weile spielten dieselben Farben auch auf den abendlichen Kumuluswolken hoch über ihr; dann verglommen am Himmel die letzten Lichtschimmer, und beinahe gleichzeitig verdunsteten die Wolken. Die Erde unter ihr war in geheimnisvolle Schwärze getaucht, und nur die schimmernden Punkte der Sterne verrieten ihr, wo sie war. Ein runder, gelber Mond ging langsam auf, erhellte die zackige Bergkette vor ihr, und als diese wechselvolle Skyline von Kuppen, Spitzen und Kratern näherkam, stieg sie höher.

In dieser Höhe sank die Temperatur der klaren Nachtluft jetzt weit unter Null. Das dunkle Felsgestein unter ihr zog sich ächzend und knirschend zusammen, und das Echo von kleinen Felsstürzen, die über Geröllhalden in Cañons und Schluchten polterten, durchbrach die Nacht.

Die ganze Nacht über beleuchtete der riesige Mond die nackten Gipfel und Felsspitzen, aber als im Osten der Morgen dämmerte, fielen die ersten Lichtstrahlen auf eine staubbedeckte Hochfläche, die nur gelegentlich von schattigen Schluchten unterbrochen wurde. Eine Stunde nach Sonnenaufgang war es klar, daß der Tag glühend heiß sein würde. Die flimmernde Glut der Sonne drang durch die isolierenden Federn des Kuckucksweibchens und machte ihr jeden Atemzug zur Qual.

Endlich fiel die Hochebene ab, und dahinter erstreckte sich wieder ein Sandmeer. Die Sonne stand als weiße Feuerkugel hoch am Himmel, ihre Glut wurde vom Sand zurückgeworfen und brachte die Luft zum Vibrieren, so daß die Wellen der Dünen zu einer glatten, schimmernden Fläche verschmolzen. Die Hitze versengte das Weibchen von oben und von unten und zehrte an ihren Kräften.

Sie hatte noch nie eine so schreckliche Hitze erlebt, und obwohl sie die Wüste bisher immer ohne Zwischenstation überquert hatte, wurde ihr jetzt allmählich klar, daß sie irgendwo rasten mußte. Die ungewöhnliche Hitze und Trokkenheit entzogen ihrem Körper das lebensnotwendige Wasser; ihr Blut war dicker geworden, und ihr Herz mußte schwerer arbeiten, um es durch die Adern zu pumpen; ihre Muskeln begannen sich infolge des Sauerstoffmangels zu verkrampfen, und in ihrem Kopf hämmerte der Schmerz, so daß sie nicht mehr deutlich sah.

Endlich überschritt die Sonne den Zenith, und die gekrümmten Kämme der höchsten Dünen begannen kleine, auberginefarbene Schatten nach Osten zu werfen. Sobald sie eine Düne sichtete, die groß genug war, glitt sie hinunter und blieb keuchend in ihrem Schatten sitzen. Die Luft war immer noch erstickend, und es fiel ihr schwer, auf dem steilen Sandhang unterhalb des Kamms sicheren Halt zu finden, aber sie entging hier wenigstens den erbarmungslosen Strahlen der Sonne. Als diese tiefer sank und die Schatten länger wurden, folgte ihnen das Kuckucksweibchen zum weniger steilen Fuß des Hanges, wo sie besser stehen konnte. Sie plusterte die Federn auf, um rascher abzukühlen, widerstand jedoch der Versuchung, die Augen zu schließen und zu schlafen. Hier auf dem Boden konnte sie jederzeit aus jeder beliebigen Richtung angegriffen werden – ihre einzige Hoffnung bestand darin, daß sie wach blieb und die Gefahr rechtzeitig erkannte.

Die Gefahr lauerte tatsächlich kaum drei Meter von ihr entfernt im Sand – in Gestalt einer Hornviper, von der nur die Augen sichtbar waren. Die Schlange beobachtete das Kuckucksweibchen aufmerksam. Nach seiner Gestalt und seinen Bewegungen zu schätzen war der Vogel als Beute offensichtlich zu groß, aber die Schlange war bereit, zu ihrer Verteidigung zuzustoßen, wenn er ihr zu nahe kam. Eine Zeitlang blieb der Vogel unbeweglich sitzen, doch als er ein paar schwankende Schritte machte, um seine steifen Beinmuskeln zu lockern, reagierte die Schlange sofort. Sie ringelte sich blitzschnell auf, schüttelte den Sand von ihrem kurzen Körper und schoß vor. Ihre Kiefer öffneten sich weit, und ihre langen Giftzähne schnellten drohend vor. Das Kuckucksweibchen sprang überrascht zurück, schlug mit den müden Flügeln und verlor bei dem Versuch aufzufliegen das Gleichgewicht. Bevor sie wieder festen Stand faßte, hatte die Schlange die Gelegenheit zur Flucht genutzt und war den Hang hinuntergeglitten. Diese Gefahr war vorüber.

Das Kuckucksweibchen vergaß die Schlange gleich wieder, denn von ihrem neuen Standort aus bemerkte sie eine schwache Bewegung im Sand. Sie beobachtete die Stelle ein paar Sekunden lang mißtrauisch, dann hüpfte sie näher und entdeckte eine durcheinanderrennende Gruppe von Ameisen, die eine tote Spinne gefunden hatten und sie nun in ihren unterirdischen Bau beförderten. Rings um das kleine Nestloch, zu dem sie unkoordiniert, aber unermüdlich unterwegs waren, lag feuchter Sand, den sie aus der kühlen Tiefe unterhalb der Düne heraufbefördert hatten. Das Kuckucksweibchen stellte sich in die Nähe des Eingangs; volle zehn Minuten lang pickte und schnappte sie nach den vorbeikommenden Ameisen, zermalmte sie mit dem Schnabel oder verschlang sie ganz.

Obwohl sie ein Blutbad unter ihnen anrichtete, schleppten die Ameisen ihre Last weiterhin zu dem Loch. Erst als das Weibchen die Spinne schnappte und zusammen mit etlichen Ameisen verschluckte, stoben die übrigen auseinander, um sich zu retten. Sie zerstreuten sich in alle Richtungen; diejenigen, die zum Nestloch flüchteten, fielen dem zustoßenden Schnabel des Kuckucks zum Opfer.

In der Dämmerung nahm die Hitze endlich ab, und eine kühle Brise trieb Sandfahnen vom Kamm der Düne. Doch als der leuchtend rote Himmel schwarz wurde, zwangen die zunehmende Gefahr eines Angriffs und die betäubende Kälte der Nachtluft den Vogel, seinen müden Körper wieder in die Luft zu erheben. Trotz der Rast und der Nahrung war er ausgepumpt, erreichte nicht einmal seine halbe Reisegeschwindigkeit und versuchte so oft als möglich mit der Strömung dahinzugleiten. Erst als zu ihrer Rechten der Mond aufging, hatte das Kuckucksweibchen das Gefühl, als würde eine verborgene Energiequelle in ihr aktiviert, und sie flog jetzt mit müheloseren, schnelleren Flügelschlägen durch die feuchtkühle Nachtluft.

Im Lauf der Nacht verdeckten Wolken den Mond, und morgens ging die Sonne hinter einer dünnen Schicht sehr hoher Stratuswolken auf, die das Kuckucksweibchen vor der Hitze abschirmten. In Bodennähe kam ein heftiger Wind auf, und bald verschwand das Land unter ihr in einem wirbelnden Sandsturm. Obwohl sie weit oberhalb der wirbelnden Böen und der dichten Treibsandwolken flog, stieg ein feiner Staub bis zu ihr empor, drang in ihre Nasenöffnungen ein und erschwerte ihr das Atmen. Sie flog höher, um dem Staub auszuweichen, aber in der dünneren Luft machte ihr der Sauerstoffmangel so zu schaffen, daß ihre Lungen schmerzten.

Die Erfahrungen von Generationen, die den Überlebenskampf gewonnen hatten, waren in das Gehirn des Kukkucksweibchens eingeprägt, und weil sie der Route dieser Vorgänger folgte, war es kein Zufall, daß sie bald, nachdem der Sandsturm aufgehört hatte, in der Ferne einen grünen Fleck erblickte. Als ihre Vorfahren hier vorbeigekommen waren, hatte die Oase, die den Rand der Wüste bezeichnete, nur aus einer kleinen Baumgruppe um ein Wasserloch bestanden. Inzwischen hatte sie sich zu einem blühenden Dorf entwickelt. Die Siedler hatten zusätzliche Brunnen gegraben, Häuser errichtet, Bäume gepflanzt und großgezogen. Das Kuckucksweibchen hatte schon früher hier haltgemacht, doch die Rast war ihr noch nie so willkommen gewesen wie diesmal.

Die hohe Akazie, auf der sie landete, stand im Garten eines großen, weißen Hauses. Ein kreisender Wasserspender bewässerte den grünen Rasen, und nachdem sie nach eventuellen Gefahren Ausschau gehalten hatte, flog sie hinunter und trank gierig aus einer schlammigen, braunen Pfütze auf dem Gartenweg. Die Bewegung des Rasensprengers, der Straßenlärm und die Nähe des Hauses beunruhigten sie, deshalb stillte sie nur ihren ärgsten Durst und kehrte dann auf den Baum zurück. In seinem Schatten strich eine kühlende Brise über sie hinweg, und allein das Rauschen der Blätter schien ihre Schmerzen zu lindern.

Gegen Abend wurde der Wassersprenger abgestellt, und kurz darauf ertönte von der Moschee der Ruf des Muezzins aus einem Lautsprecher. Der Verkehrslärm und das Geräusch der Schritte hinter den Gartenmauern nahmen allmählich ab, im Haus wurde Licht gemacht. Die Ruhe lockte sie aus ihrem Versteck. Sie trank wieder aus der Pfütze – diesmal bis sie genug hatte –, und dann flog sie von Busch zu Busch und suchte Futter. Sie fand Fliegen und Raupen, und als die Nacht hereinbrach, war sie satt.

Sie fühlte sich schwer, als sie sich wieder in die Luft schwang, und eine Weile flog sie lethargisch dahin, doch als sie die Nahrung verdaut hatte, kam sie wieder zu Kräften. Lange Zeit hielt ein Lastwagen mit ihr Schritt, der über eine Staubstraße rumpelte und dessen Scheinwerfer die Dunkelheit durchdrangen, bis er in einem Dorf stehenblieb. Danach war sie in der Finsternis allein, und nur die leuchtenden Muster am Himmel wiesen ihr den Weg. Zweimal überflog sie andere Ansiedlungen, deren Lichter im Vergleich zu der harten, weißen Intensität der Sterne gelblich und verschwommen wirkten.

Allmählich waren immer mehr Büsche und Bäume auf dem mondbeschienenen Boden zu sehen – die Wüste lag hinter ihr. Die Luft wurde weicher und feuchter, und gegen Morgen stiegen Nebelschwaden auf, aus denen nur noch die Spitzen der höheren Bäume ragten. Als die Sonne aufging, verflüchtigte sich der Nebel, und vor ihr lag das glitzernde Mittelmeer.

Sie unterbrach ihre Reise für einige Stunden, um unter den Palmen Futter zu suchen, und zog dann über die Küstenebene weiter. Die Meeresbrise milderte die Sonnenhitze, und sie flog sogar während der heißesten Stunden des Tages. Am Abend war sie in der Nähe von Tunis angelangt; als die Sonne unterging, bildeten die Lichter der Stadt unter ihr verwirrende Muster, und die Luft vibrierte von dem emporsteigenden Verkehrslärm. Nach dem Frieden der Wüste empfand sie dieses Durcheinander von Licht und Lärm als erschreckend und war sehr erleichtert, als sie sich wieder über dem offenen Land am Meer befand.

Hier war nichts als das sanfte Plätschern der Wellen an den Strand zu hören, und die einzigen Lichtquellen waren der Schimmer des Abendhimmels und sein schwacher Widerschein auf der Oberfläche des Meeres. Als der letzte Schein im Westen verblaßte, landete sie in einem knorrigen Olivenbaum. Ihre Muskeln zuckten und zitterten, als sie sich nach dem langen Flug entspannte, doch bald wich ihre Erfschöpfung einem sanften Wohlgefühl, als sie schläfrig dem Murmeln des nahen Meeres lauschte. Sie war beinahe achtzehnhundert Kilometer geflogen. Der gefährlichste Teil der Reise lang hinter ihr, und zum erstenmal seit fünf Nächten konnte sie schlafen.

Sie blieb vier Tage in dem Gebiet, um sich von der Wüstenüberquerung zu erholen und neue Kräfte zu sammeln.

Am fünften Tag brach sie frühmorgens auf und legte die zweihundert Kilometer nach Sardinien in nicht ganz sechs Stunden zurück. Es war ein idealer Tag, und der gleichmäßige Rückenwind half ihr, ohne allzu große Energieverluste ihre Geschwindigkeit beizubehalten. Nachdem sie ein paar Stunden gerastet und gefressen hatte, brachte sie sogar noch die Kraft auf, mehrere Stunden entlang der Ostküste der Insel weiterzufliegen. Sobald die Sonne hinter den hohen Bergen links von ihr versank, flog sie über die Klippen ein kleines Stück landeinwärts und suchte sich im dichten Gestrüpp einen Schlafplatz. Nach einer kurzen Jagd in der Dämmerung kehrte sie zu dem Gestrüpp zurück und gönnte sich eine lange Nachtruhe.

Die Entbehrungen über der Wüste hatten ihren Körper gestählt, und nachdem sie sich von ihrer Erschöpfung erholt hatte, verspürte sie nun wieder unbändige Lust am Fliegen. In der Morgendämmerung hielt es sie nicht länger; sie stieg hoch in den Himmel empor und genoß die Geschwindigkeit, mit der sie durch die kühle, unbewegte Luft glitt, der Zakkenlinie der Bergkämme folgend.

Nach dem gleißenden Sand und Geröll der Sahara empfand sie das tiefe, satte Grün des süß duftenden Maquis und das sanfte Glitzern der Bäche als wahre Augenweide. Die Sonne war jetzt nur noch in den Mittagsstunden unangenehm heiß, doch fand sie um diese Zeit an der Nordspitze der Insel in einem Gewirr duftender Büsche Obdach und Futter, und sobald die ärgste Hitze vorbei war, flog sie über die schmale Meerenge nach Korsika.

Sie überquerte den hügeligen Südwesten der Insel und erblickte das Meer erst nördlich von Ajaccio wieder. Bis Sonnenuntergang flog sie ungefähr parallel zur Küste, dann wandte sie sich ins Landesinnere und suchte einen Schlafplatz für die Nacht. Sie hatte gerade ein altes Bauernhaus überflogen und steuerte auf ein Wäldchen am Rand der Felder zu, als etwas im Licht der untergehenden Sonne rot aufblitzte. In steilem Bogen flog sie aufwärts. Einige Schrotkugeln pfiffen unter ihr hinweg, bevor sie den Knall des Schusses hörte. Instinktiv ließ sie sich einen Augenblick nach links fallen, um ihre Geschwindigkeit zu erhöhen, dann stieg sie wieder hoch und verschwand hinter den Bäumen. Der junge Korse trat aus seinem Versteck, um eine zweite Ladung abzuschießen, aber die Fluchttaktik des Kukkucksweibchens war erfolgreich gewesen, und er ließ fluchend seine Flinte sinken.

Gewarnt durch diesen plötzlichen Angriff, war sie jetzt auf der Hut und flog eine Viertelstunde lang in großer Höhe weiter, bevor sie über einer einsamen, waldigen Gegend vorsichtig tiefer ging. Sie strich mehrmals schnell über die Bäume hinweg und landete schließlich auf einer der hohen Pinien. Doch sie entspannte sich erst, als es finster wurde, und litt lieber Hunger, als nach Futter zu jagen.

Am nächsten Tag zogen dunkle Wolken auf, und ein stürmischer Wind vom Meer schüttelte Büsche und Bäume. Enerviert durch das Schwanken der Zweige und das Rascheln der Blätter brauchte sie für die Nahrungssuche im Gestrüpp mehr Zeit als sonst und brach deshalb erst am späten Vormittag über das aufgewühlte, graue Meer nach Nordwesten auf. Je näher sie der französischen Küste kam, desto heftiger wurde der Wind, und als sie endlich in der Nähe von Sainte Maxime festes Land erreichte, war sie am Ende ihrer Kräfte.

Sie verbrachte auf den Hügeln hinter dem Badeort eine unruhige Nacht auf einer schwankenden Fichte und flog im Morgengrauen über das südliche Vorgebirge der Alpen weiter. Indem sie den Tälern folgte, fand sie etwas Schutz vor dem Wind, aber sie kam nur langsam voran und erreichte das Rhônetal oberhalb von Avignon erst am späteren Nachmittag. Hier traf sie der Mistral mit voller Wucht. Sie kämpfte weitere zwei Stunden gegen den anhaltenden Gegenwind; dann machte heftiger Regen den Weiterflug unmöglich.

An der Seitenwand einer kleinen, verlassenen Hütte fand sie in einem dichten Gestrüpp von Ranken und Büschen einen Schlafplatz. Die alten Steinmauern hielten den ärgsten Wind ab, aber als die frühe Dämmerung hereinbrach, gossen die schwankenden Büsche wahre Wasserfälle durch das dichte Netz der Blätter und Zweige. Sie wechselte von einem Zweig zum anderen, ohne ein trockenes Plätzchen zu finden, und verbrachte schließlich eine elende Nacht am Fuß der Mauer, wo sie noch am ehesten vor der Nässe geschützt war, aber nicht einschlafen durfte, um vor eventuellen Angreifern rechtzeitig flüchten zu können.

Spät nachts hörte der Regen endlich auf, aber von den Büschen tropfte es noch weiter bis zum Morgengrauen. Sobald es hell genug war, suchte sie in einem nahen Weinberg nach Futter, doch der Regen und eine kürzliche Spritzung der Weinstöcke hatten so gut wie alle Insekten vertrieben, so daß sie mit fast leerem Magen den Kampf gegen den Sturm wieder aufnehmen mußte.

Ihr Körper war kalt, ihre Muskeln waren steif, und sie flog immer nur kurze Strecken, um dann beinahe genauso lange zu rasten, wie sie geflogen war, und suchte dabei jedesmal nach Futter. Allmählich lockerten sich ihre Muskeln, und sie fand genügend Nahrung, um den ärgsten Hunger zu stillen, aber der heftige Wind machte ihr immer noch sehr zu schaffen. Nur indem sie ständig ihre Flugrichtung korrigierte, was sehr anstrengend war, konnte sie der direkten Konfrontation mit dem Sturm ausweichen, und selbst dann trieb eine besonders starke Bö sie manchmal fast einen Kilometer weit zurück.

Es war beinahe Mitternacht, als sie Montélimar erreichte. Gleich hinter der Stadt drängten sich die Hügel auf beiden Seiten näher an den Fluß, und in dieser Talenge verstärkte sich die Gewalt des Sturmes. Zweimal wurde sie zu der Stadt zurückgetrieben, und beim dritten Versuch suchte sie im Windschatten einer Felsschlucht Schutz, durch die ein kleiner Nebenfluß in die Rhône strömte. Die relative Ruhe zwischen den steilen Felsen brach ihren instinktiven Widerstand dagegen, die alte Flugroute ihrer Vorfahren zu verlassen. Sie folgte dem gewundenen Lauf des kleinen Flusses, der aus dem Hochplateau des Massif Central kam, nach Westen. Nach zehn Kilometern hatte sie den Sturm hinter sich und rastete auf einem Baum am oberen Ende der Schlucht.

Nachdem das Kuckucksweibchen in dem Gebüsch am Fuß des Baumes ein paar Raupen gefressen hatte, flog es weiter über das hohe, offene Plateau, dessen kegelförmige Hügel die abgeschliffenen Überreste erloschener Vulkane sind. Auf den höher gelegenen Hängen ästen Ziegen, während in den von zahlreichen Bächen durchzogenen Niederungen Rinder weideten, die erst kürzlich aus den Winterställen ins Freie getrieben worden waren. Bussarde stiegen in den schwachen Aufwinden spiralförmig in die Höhe und segelten dann mühelos und gemächlich über die Landschaft.

Obwohl die Luft verhältnismäßig ruhig war, flog sie langsam und machte öfter Pausen, nicht nur weil sie müde war, sondern vor allem deshalb, weil sie sich immer wieder neu orientieren mußte, seitdem sie die traditionelle Flugroute verlassen hatte. Die Sonne war hinter dichten Wolkenschichten verborgen, und meistens konnte sie sich nur danach orientieren, an welcher Stelle die graue Decke am hellsten war. So konnte sie zwar ungefähr ihre Richtung bestimmen, aber sie kam immer wieder vom Kurs ab, weil die Dichte der Wolkenschicht wechselte.

Als sie auf dem felsübersäten Hang des Gerbier de Jonc landete, stellte sie fest, daß sie zuweit nach Westen geraten war. Sie hüpfte um den kleinen runden Gipfel, bis ihr innerer Kompaß ihr die richtige Richtung anzeigte. Unter ihr rauschte und sprudelte ein kleiner Bach aus der Quelle am Fuß des Berges: der Ursprung der Loire. Auf ihrem Flug über Frankreich würde das Kuckucksweibchen den Fluß immer wieder kreuzen, aber im Augenblick schlugen die beiden verschiedene Richtungen ein: Die Loire machte einen langen, gewundenen Umweg nach Süden, und das Weibchen flog über die Fichtenwälder nach Norden auf den fernen, schneebedeckten Mont Mezenc zu.

Als sie ihn erreichte, hatte der Nebel, der langsam die Hänge hinaufgekrochen war, ihn beinahe ganz eingehüllt. Noch während sie kurz auf einer zerzausten Fichte knapp unter dem Gipfel rastete, verschwanden die Bäume um sie herum im wirbelnden Weiß der Nebelschwaden, das vom Schnee nicht mehr unterscheidbar war. Sie hob ab und stieg über den Berg empor, wo die Luft noch klar war. Unter ihr lag die Erde, soweit sie sehen konnte, unter einer weißen Decke verborgen.

Fast eine Stunde lang floh sie in die zunehmende Dunkelheit hinein; dann sank die Temperatur unvermittelt ab, und die Wolkendecke senkte sich immer tiefer, bis sie mit dem von unten aufsteigenden Nebel verschmolz. Das Kuckucksweibchen versuchte verzweifelt, den Nebeln zu entkommen, und stieg achthundert Meter steil in die Höhe, ohne die Wolkendecke zu durchstoßen. Die Kälte und der Sauerstoffmangel in der dünnen Luft zwangen sie zur Umkehr. Jetzt blieb ihr nur ein Weg: Blindlings zum Boden hinunter, wo sie gefährliche Hindernisse – Bäume, Berghang, Telegraphendraht – vielleicht zu spät erkannte.

Mit gewölbten Flügeln, um die Fallgeschwindigkeit zu bremsen, raste sie im Sturzflug abwärts, alle Nerven zum Zerreißen angespannt, um Entfernung und Höhe an den leisesten Geräuschen oder Luftdruckschwankungen abzuschätzen.

Etwas Schwarzes tauchte aus dem Nebel unter ihr auf, und sie staunte über die Geschwindigkeit, mit der sie daran vorbeiflog. Ihr Sturzflug war steiler gewesen, als sie dachte, und sie schlug schnell mit den Flügeln, um ihr Tempo zu verlangsamen. Rechts und links nahm sie jetzt zwei dunkle Umrisse wahr; sie stellte die Flügel schräg und versuchte zu steigen. Beim Abwärtsschlag stieß die Vorderkante ihres rechten Flügels gegen irgendein Hindernis, und sie wurde herumgerissen. Sie hatte den Stützpfeiler eines Kirchenschiffs gestreift. Halt suchend scharrten ihre Krallen über die rauhe Oberfläche, dann stürzte sie rücklings ab. Ihr rechter Flügel war kraftlos, sie konnte ihn nicht bewegen, und der linke Flügel zog sie hinab. Als sie auf dem Boden aufschlug, wurde ihr die Luft aus der Lunge gepreßt, und sie verlor das Bewußtsein.

10

Der Kuckuck im Käfig – Louis kommt auf Besuch – Die Rast – Der Flug nach Norden

Hätten wir den nötigen Scharfblick und ein Gefühl für das alltägliche menschliche Leben, so wäre das, als hörten wir das Gras wachsen und das Herz des Eichhörnchens schlagen, und wir müßten wohl sterben an dem Getöse, das jenseits der Stille herrscht. Doch wie es so ist, laufen die schnellsten von uns in schützende Dummheit gehüllt durch die Welt.

George Eliot: *Middlemarch*

Céline hatte die Ziegen vom Feld am Ende des Dorfes durch den Nebel nach Hause getrieben und gerade die Stalltür hinter ihnen geschlossen, als sie hektisches Flügelschlagen und einen dumpfen Aufprall vernahm. Sie ging fast nie zur Kirche hinauf, die auf dem Hügel gegenüber von ihrem Haus thronte, aber jetzt lief sie die ausgetretenen Stufen empor, weil sie den Gedanken an ein leidendes Tier nicht ertragen konnte.

Sie fand den Kuckuck auf dem Kiesweg links vom Hauptportal. Der rechte Flügel stand vom Körper ab, und die Federn waren zerzaust, aber obwohl das Tier bewußtlos war, lebte es noch. Sie kniete neben ihm nieder und hob es auf. Auf dem Flügel hatte der Vogel einen kleinen kahlen Fleck; er war vermutlich gegen den Kirchturm geprallt. Rund um den Fleck waren die Federn blutverschmiert, doch als sie den Flügel vorsichtig abtastete, schien ihr, daß kein Knochen gebrochen war, und so faltete sie ihn behutsam und legte ihn an den Körper des reglosen Vogels.

Erst als Céline durch die Plastikstreifen trat, die in der Eingangstür zu ihrem Haus hingen, öffnete der Kuckuck die Augen. Sie hielt ihn fester, für den Fall, daß er sich wehrte, aber er war noch benommen und leistete keinen Widerstand, bis sie in den Keller kam. Als sie dort den Deckel eines der Weidenkäfige öffnete, in denen sie die Hühner auf den Markt brachte, flatterte er schwach mit dem linken Flügel, drehte den Kopf und pickte an ihrer Hand. Sie legte den Vogel in den Käfig, schloß rasch den Deckel und trug ihn hinauf. Inzwischen hatte sich der Kuckuck so weit erholt, daß er stehen konnte, und funkelte sie durch die Weidenstäbe hindurch an. Céline schaute ihm in die Augen und bewunderte die Wildheit in seinem Blick.

In den nächsten drei Tagen lernte das Kuckucksweibchen, Céline zu erkennen. Alle übrigen Gestalten, die zum Käfig traten und sich über sie beugten, waren finster und furchterregend, nur diese eine gab leise, angenehme und tröstliche Geräusche von sich. Nachdem sie dagewesen war, gab es auch oft frisches Wasser und Raupen oder Würmer zu fressen. Doch davon abgesehen, empfand das Kuckucksweibchen seine neue Umgebung als unheimlich und bedrohlich.

Die großen, schattenhaften Gestalten traten aus einem von lockendem Sonnenschein erfüllten Rechteck, durch das sie laut polternd auch wieder verschwanden. Wenn sich die Gestalten bewegten, zitterte und dröhnte der Boden. Seltsame Klingeltöne drangen ihr schmerzhaft ins Ohr, und die Gestalten gaben eintönige, knurrende Geräusche von sich.

Gelegentlich verwandelte sich die Angst des Kuckucksweibchens in Panik, und sie zerrte und pickte heftig an ihrem Käfig, aber die meiste Zeit saß sie geduckt da, unbeweglich und wachsam, in der Hoffnung, daß sie durch völlige Regungslosigkeit Angriffen entgehen würde.

Céline sorgte sich um den Kuckuck. Soweit sie erkennen konnte, hatte der Flügel keinen bleibenden Schaden davongetragen, und sie freute sich, daß der Vogel sein Gefieder in Ordnung gebracht hatte, so daß die kleine Wunde und der kahle Fleck nicht mehr sichtbar waren. Andererseits wollte sie den Vogel nicht freilassen, solange sie nicht sicher war, daß er fliegen konnte. An dem Abend, an dem sie das Tier fand, hatte sie Louis in Le Puy angerufen, aber wie immer im Frühjahr mußte er von früh bis abends die Reparatur der

Frostschäden auf den Straßen beaufsichtigen, so daß er nicht genau wußte, wann er Zeit finden würde, nach Chadrinhac hinaufzufahren.

Wenn jemand wußte, was zu tun war, dann war es Louis. Er verstand sich auf Tiere, und ihre früheste und glücklichste Erinnerung war die Zeit, als sie ihm geholfen hatte, die Tiere zu betreuen. Als er mit fünfzehn das Dorf verließ und nach Le Puy übersiedelte, wo er Arbeit gefunden hatte, verlor sie mit ihm ihren einzigen Freund. Sie hatte davon geträumt, ihm zu folgen, davon geträumt, in der Menschenmenge der Stadt anonym und frei zu leben; aber dann war ihre Mutter krank geworden, und sie hatte in der kleinen Welt von Chadrinhac bleiben müssen.

Am vierten Tag seiner Gefangenschaft begann sich der Zustand des Kuckucks merklich zu verschlechtern. Anfangs hatte er alles gefressen, was Céline ihm brachte, aber jetzt krochen die Würmer und Raupen unbeachtet über den Boden des Käfigs. Die Augen des Vogels hatten ihren Glanz verloren, und er hockte die meiste Zeit teilnahmslos in einer Ecke. Céline hatte schon beschlossen, ihn am nächsten Tag fliegen zu lassen, auch ohne Louis' sachverständige Meinung gehört zu haben, als er, kurz nachdem sie und ihre Mutter zu Abend gegessen hatten, bei ihnen eintraf.

Er kam direkt von der Arbeit, und als er sie küßte, roch Céline den vertrauten Geruch von Teer und Kreosot an seiner Kleidung. Es war der Geruch, bei dem sie immer an ihn denken mußte. Wie gewöhnlich veränderte seine Anwesenheit die Atmosphäre des Hauses. Selbst das Stöhnen und Jammern ihrer Mutter verwandelten sich in freundliches Lächeln, wenn Louis kam. Eineinhalb Stunden lang plauderten sie bei Kaffee und einem Glas *eau de vie*. Sie erzählten Louis die Dorfneuigkeiten, und er erzählte ihnen von seinem Leben in Le Puy – seiner Arbeit, seiner Frau und seinen

Kindern, und von den Siegen und Niederlagen des Amateur-Fußballvereins, dem er angehörte.

Von ihrem Käfig in der Ecke aus beobachtete das Kuckucksweibchen die neue Gestalt, die so hell leuchtete und so warme, harmonische Töne von sich gab. Als die Gestalt schließlich zu ihr trat und leise und beruhigend auf sie einsprach, empfand sie nur ein kurzes Unbehagen, das verging, sobald sie hochgehoben und gestreichelt wurde.

Céline hatte erwartet, daß der Vogel gut auf Louis reagieren würde, aber selbst sie war über seine Fügsamkeit überrascht, als Louis das Tier in seine geschickten Hände nahm und es untersuchte. Der Kuckuck schloß sogar wohlig die Augen, als Louis den Flügel ein paarmal streckte und bog. Als er dem Vogel mit dem Finger über Kopf, Hals und Flügel strich, erschauerte der Kuckuck und trillerte leise und perlend. Louis' Aufmerksamkeit war ganz auf den Vogel konzentriert; erst als der Triller verstummte, blickte er plötzlich zu Céline auf, und über sein Gesicht breitete sich ein überraschtes, entzücktes Lächeln, das ihr zu Herzen ging.

Draußen in der Dämmerung stehend betrachteten sie den Kuckuck ein letztes Mal. Dann küßte Louis ihn auf den Kopf, hob die Arme und warf ihn in die Luft. Céline beobachtete seine Bewegungen genau und wußte, daß sie diesen Augenblick nie vergessen würde. Als Louis den Vogel losließ, trug der Schwung den Kuckuck höher, bis er die Flügel ausbreitete und langsam, beinahe im Zeitlupentempo, zu fliegen begann. Er stieg ohne Hast weiter empor und verschmolz allmählich mit dem dunklen Hintergrund des Hügels, der nach Archinois hinaufführte. Céline hatte ihn schon fast aus den Augen verloren, als er wendete und die helleren Federn an seinen Seiten aufleuchteten. Er schoß jetzt mit ausgebreiteten Flügeln im Gleitflug auf sie zu, überflog die Scheune, hob sich kurz von der Mondscheibe ab und verschwand dann in Richtung auf das Tal.

Während Louis ins Haus ging, um sich von ihrer Mutter zu verabschieden, wartete Céline neben seinem alten, rostfleckigen weißen Auto. Auf dem Rücksitz lagen ein paar Fußbälle und auf dem Beifahrersitz ein Stoß frischgewaschener Mannschaftsleibchen. Auf dem Boden neben dem Schalthebel sah sie ein Kindermalbuch und ein paar Farbstifte liegen. Sie wandte sich ab und lehnte sich an den Wagen. Aus der offenen Tür des Cafés auf der gegenüberliegenden Seite des staubigen Platzes drangen Geschrei und Gelächter. Das Gemecker der Ziegen im Stall erinnerte sie daran, daß sie noch melken mußte, bevor sie zu Bett ging. Eine Fledermaus schoß mehrmals durch die Mückenschwärme, die die einzige Straßenlaterne des Dorfes umschwirrten.

Die Haustür ging auf, und Louis trat heraus. Ein paar Kunststoffstreifen blieben an seinen Schultern hängen; er streifte sie ab und schloß die Tür. Als er den Hang hinunterging, sah er sehr müde aus, und Céline verzichtete darauf, ihn in ein Gespräch zu verwickeln. Sie bedankte sich dafür, daß er gekommen war, und sagte, sie müsse jetzt melken gehen. Er nickte und beugte sich vor, um sie zu küssen. Ihre Wangen berührten einander wie üblich dreimal, und sie machte lachend eine Bemerkung über seine Bartstoppeln. Er lächelte, fuhr ihr mit dem Finger über die Wange, ging dann um das Auto herum und stieg ein. Sie hob die Hand zum Abschied, bevor sie sich umdrehte und in den Stall ging. Die Ziegen blickten erwartungsvoll auf, als sie eintrat, und begannen dann im Chor zu meckern, so laut, daß der Lärm das Geräusch von Louis' Auto übertönte, das den Hügel nach Le Puy hinaufkeuchte.

Während der ersten Minuten in Freiheit waren die Flügel des Kuckucksweibchens noch schwach und steif, doch als sie unterhalb von Chadrinhac den Fluß erreichte, fiel ihr das Fliegen bereits leicht. Aber es wurde dunkel, und ihr Körper war für einen anstrengenden Nachtflug zu sehr geschwächt. Sie brauchte Ruhe; vor allem mußte sie wieder Nahrung zu sich nehmen, bevor sie ihre Reise fortsetzte. Das düstere Licht und das eingeengte Gesichtsfeld im Haus hatten ihre scharfe Sicht beeinträchtigt, und sie fühlte sich den hohen Anforderungen eines Nachtflugs noch nicht gewachsen. Das Mondlicht, das sich in einem Wasserfall spiegelte, zog sie deshalb an wie ein Leuchtturm; sie flog darauf zu und setzte sich auf eine Ulme am Fuß des Wasserfalls. Eine Zeitlang umklammerte sie den Ast mit den Krallen und schlug mit den Flügeln, um ihre Muskeln zu lockern und die Federn zu ordnen, dann putzte sie, müde und schläfrig geworden, den verletzten Flügel. Die Ruhe des Nachthimmels und der kühle Hauch, der von dem Wasserfall aufstieg, vertrieben die Angst und die Verwirrung, die sie seit dem Unfall beherrscht hatten, und das gleichmäßige Tosen des Sturzbachs wiegte sie sanft in den Schlaf.

Sie blieb sechs Tage in dem Gebiet, übernachtete in der Ulme und jagte tagsüber am Fluß oder flog, am Wasserfall vorbei, über das Hochplateau zu dem kleinen Dorf Saint-Joseph-de-Fugères. Die Tage waren warm und sonnig, und sie fand eine Menge wohlschmeckender Blattwespenlarven, so daß sie rasch wieder zu Kräften kam.

Als das Kuckucksweibchen die Ulme für immer verließ, stieg aus dem Weiher am Fuß des Wasserfalls leichter Nebel auf. Die Sonne war schon untergegangen, doch es war so hell, daß auf dem Dorfplatz von Chadrinhac eine Gruppe Männer noch *Boule* spielten, als sie hoch über ihnen am Kirchturm vorüberflog. Céline trat gerade aus dem Stall, aber sie blickte nicht auf. Als der Kuckuck eine Viertelstunde später Le Puy überflog, hob auch Louis nicht den Kopf – er ließ das Fußballfeld nicht aus den Augen, auf dem sein Team das entscheidende Schlußmatch der Saison austrug. Das Kuckucksweibchen überquerte das Stadtzentrum, geriet einen Augenblick in den Lichtkegel der Scheinwerfer, die den Dom und die große Statue der Jungfrau Maria anstrahlten, und verschwand dann in der schützenden Dunkelheit.

Bei Tagesanbruch hatte sie das Massif Central schon hinter sich gelassen und flog dem Lauf des Allier entlang auf das Loire-Tal zu. Das steigende Wohlgefühl, das sie durchströmte, zeigte an, daß sie sich wieder auf ihrer angestammten Route befand. Allerdings war ihre Leistungsfähigkeit noch begrenzt, und gegen Abend mußte sie einen Schlafplatz suchen. Sie entschied sich für eine der hohen Pappeln am Ufer der Loire nördlich von La Charité und verbrachte dort die Nacht. Am nächsten Tag flog sie gemächlich ein paar Stunden stromaufwärts bis zu einer großen Insel, wo der Strom nach Westen abbog, um über die zentrale Ebene zum fernen Meer zu fließen.

Auf der Insel gab es Insekten in Hülle und Fülle, und das Weibchen verbrachte zwei ungestörte Rasttage inmitten des Flusses. Am späten Nachmittag des zweiten Tages brach sie zur letzten, langen Etappe ihrer Reise auf. Sie flog mit kräftigen Flügelschlägen direkt nach Norden, wich dem im nächtlichen Lichterglanz erstrahlenden Paris aus und erreichte am nächsten Morgen den Ärmelkanal. Sie überquerte die schmale Meeresenge ohne anzuhalten und erreichte kurz nach Mittag die englische Küste. Trotz aller Unterbrechungen hatte sie die Reise in etwas über vier Wochen geschafft.

Sie hielt eine kurze Rast auf den Hügeln hinter Hastings

und flog dann mühelos und gleichmäßig über die hügelige Landschaft zum Tal weiter. Aus jedem Wald unter ihr erklang schon der werbende Ruf der Männchen, die ihr Revier bereits abgegrenzt hatten und jetzt ein Weibchen suchten, aber sie ließ sich nicht ablenken. Das Wohlgefühl, das sie durchströmte, wurde immer stärker, je näher sie ihrer Sommerheimat kam, doch es würde seinen Höhepunkt erst erreichen, wenn sie in jenes Gebiet gelangte, das sie während der gesamten Reise wie ein Magnet angezogen hatte.

Theo Lawrence und Jim Siddy waren in ihre Reparaturarbeiten am Weidezaun so vertieft, daß sie das Kuckucksweibchen nicht bemerkten. Doch das Braunellenmännchen, das in der weichen Erde am Flußufer nach kleinen Würmern suchte, erblickte sie sofort. Ihr Flugbild, das sich vom hellen Abendhimmel deutlich abhob, glich dem eines Sperbers, und das Männchen duckte sich verängstigt ins Gras, bis der Kuckuck vorbeigeflogen war.

11

Schlechtes Wetter – Die Pflaumenschlehe – Ein neuer Anfang

O Narren, die ihr eure Rollen spielt,
Ihr kümmert euch um euren Nächsten nicht,
So wie die Welle, die am Strand sich bricht,
Nicht ahnt, was Gänseblümchen sind.
O Narren! Seid ihr wirklich blind,
Daß ihr die Schönheit dieser Welt nicht seht?

William Morris: *The Earthly Paradise*

Die sintflutartigen Regenfälle, die Anfang April, als das Braunellennest zerstört wurde, geherrscht hatten, hielten noch weitere zwei Tage an. Ihnen folgten zwei bitter kalte, neblig graue Wochen. Es war eine böse Zeit für das Tal. Die warmen, sonnigen Tage zu Beginn des Jahres erschienen jetzt wie ein gebrochenes Versprechen. Die Blüten der Obstbäume erfroren. Von den Bienen bis zu den winzigsten Mükken zogen sich alle Insekten in ihre Verstecke zurück, und viele von ihnen erfroren. Kleine Tiere, die aus dem Winterschlaf erwacht waren, starben vor Kälte und Hunger. Eben erst ausgebrütete Jungvögel streckten die Hälse vor und bettelten vergeblich um Futter, während ihre verzweifelten Eltern bei der Suche nach Körnern und Insekten immer größere Strecken zurücklegen mußten.

Im feuchten Fuchsbau führte das Absinken der Temperatur zur ersten echten Krise für die Jungen. Dem Fuchsrüden fiel es schwer, genügend kleine Tiere für die Fähe zu fangen, und sie gab daher weniger Milch. Die vier stärkeren Welpen schoben und drängten den schwächsten ständig von ihren Zitzen weg, bis er nach einer Woche schließlich starb.

Nach der Zerstörung ihres Nestes verbrachten die beiden Braunellen den größten Teil des Tages in der Hecke, die ihnen Schutz vor dem Regen bot. Von den Eiern war keine Spur mehr zu sehen, und die beiden Vögel erinnerten sich auch nicht mehr bewußt an sie, aber die Reste des Nestsokkels, die immer noch in den Ästen hingen, beunruhigten sie. Irgend etwas fehlte. Irgend etwas war nicht in Ordnung. Dieses vage Gefühl und das Schlechtwetter hielten sie an den zerstörten Nistplatz gefesselt. Gelegentlich stieg in einem von ihnen die Erinnerung auf, daß es früher anders gewesen war, und er hüpfte besorgt von Zweig zu Zweig und suchte nach etwas. Unweigerlich gesellte sich dann auch der zweite zu ihm, sie suchten gemeinsam einige Sekunden lang weiter, und ihr Gezwitscher wurde immer schriller. Dann wurden sie genauso plötzlich abgelenkt – durch einen fallenden Wassertropfen, ein Blatt, das sich bewegte – und vergaßen ihren unerklärlichen Kummer für eine Weile.

Der Regen hörte auf, aber das Wetter blieb weiterhin kalt, feucht und grau. Es war schwierig, Futter zu finden, und keiner von ihnen empfand das Bedürfnis, lange zu suchen: Die seltsame Lücke in ihrem Leben, die etwas mit den in der Hecke hängenden Grashalmen zu tun hatte, beunruhigte sie weiter. Sie wurden immer magerer und schwächer und beachteten einander kaum noch. Einmal war das Weibchen sogar nahe daran, ein neues Leben ohne das Männchen zu beginnen. Als sie lustlos am Rand des Birkenwaldes hinter Brook Cottage entlangflog, stieß sie auf den Schlehdornbusch, in dem sie früher zu Hause gewesen war. Sie erkannte ihn nicht wieder, aber sie fühlte sich dort wohl und geborgen und verbrachte den ganzen Tag in der Nähe ihres alten Standorts.

In der Dämmerung schwirrte das Männchen in alle Richtungen aus und rief nach ihr. Endlich hörte sie seine angstvollen, sehnsüchtigen Rufe, von denen sie sich so tief betroffen fühlte, daß sie am schnellsten Weg zu ihm zurückkehrte. Er stand auf dem Dach des Treibhauses im Garten von Brook Cottage und erspähte sie gegen den dunklen Hintergrund des Waldes erst im letzten Augenblick. Als sie landete, hüpfte er zu ihr und putzte ihr sanft die Federn auf Kopf und Hals.

Am nächsten Morgen rissen die Wolken kurz auf, und durch den Nebel schimmerte eine blasse Sonne hindurch. Einige Minuten lang hellten ihre schwachen Strahlen die

Farben und Formen der Welt auf. Das Licht und die Wärme lockten die Braunellen aus der düsteren Hecke hervor; sie flogen über das Feld auf das Dach von Little Ashden und genossen den Sonnenschein. Von hier aus stimmten sie in die Lieder der anderen Vögel ein, die während der rauhen Frosttage verstummt waren. Die Sonne war also doch nicht für immer verschwunden, sondern erneuerte das Versprechen auf sommerliche Fruchtbarkeit und Fülle.

Die Braunellen kehrten nicht zur Hecke zurück. Einige Nächte schliefen sie auf einem Balken unter dem Dach von Little Ashden, dann verbrachten sie acht Nächte in einem kleinen Hohlraum zwischen den losen Dachziegeln einer der Darren von Forge Farm.

Als das Wetter sich besserte und die Sonne die Insekten hervorlockte, entdeckten sie wieder, wie schön es war, frei von jeder Verantwortung zu leben. Sie fanden reichlich Nahrung, wurden immer kräftiger und stiegen wieder lustvoll in das milde Blau des Himmels. Die Blätter der meisten Bäume und Büsche waren nun schon groß, und das grünliche Licht, das durch das Laubdach fiel, versetzte die beiden Vögel in Entzücken.

Auf einem dieser sorglosen Flüge fanden sie einen neuen Nistplatz. Solange die Sonne am Himmel stand, hatten sie in dem hohen Gras am Flußufer nach Insekten gesucht oder einfach auf einem überhängenden Ast gesessen und sich vom Spiel des Lichtes auf den Wellen verzaubern lassen. Sie hatten ihre übliche Route eingeschlagen, waren von der Holzbrücke langsam flußaufwärts und am Wehr vorbeigeflogen und dann der langen Kurve gefolgt, die hinter den Scheunen von Forge Farm endete.

An der geteerten Holzwand des letzten Stalls lehnte eine

Pflaumenschlehe, und ihre kleinen, weißen Blüten, die vor dem schwarzen Hintergrund schwankten, zogen das Weibchen an. Sie schwenkte vom Fluß ab, flog über das Weideland und landete auf dem obersten Zweig. Von dort schlüpfte sie durch die jungen, blühenden Ästchen in das Innere des Strauchs. Die vom Winter ziemlich mitgenommenen Überreste eines Stieglitznestes erregten ihre Aufmerksamkeit, und sie pickte kritisch an ein paar losen Halmen herum, die aus der schief hängenden Nestmulde ragten. Sie musterte das alte Nest eine Zeitlang forschend, dann verließ sie den Busch und gesellte sich wieder zu dem Männchen; gemeinsam spielten und jagten sie am Fluß in der Nähe des Wehrs, wo die untergehende Sonne einen Regenbogen in die Gischt zauberte.

In der Dämmerung flogen sie zurück zum Dach der Darre und blieben dort eine Weile sitzen, ehe sie sich durch die enge Lücke zwischen den Ziegeln zwängten. Doch kaum hatten sie sich niedergelassen, schlüpfte das Weibchen wieder ins Freie und hüpfte auf den Rand der Regenrinne. Über die Scheunendächer hinweg sah sie die Spitze der Pflaumenschlehe. Der beengte Raum unter dem Dach der Darre hatte sie während der kalten Tage warmgehalten, aber jetzt waren die Nächte milder, und sie sehnte sich nach einem Schlafplatz im Freien. Seit diesem Nachmittag empfand sie auch wieder das wachsende Bedürfnis, ein neues Nest zu bauen, und dafür reichte der Platz zwischen den Dachziegeln nicht aus. Sie rief nach dem Männchen, doch als es nicht erschien, flog sie allein zum Busch. Das Männchen hatte ihren Ruf gehört, sich aber nicht darum gekümmert, weil es sich wohlig warm fühlte und schläfrig war. Doch als sie nicht zurückkam, stieß er einen schrillen Pfiff aus. Seit dem Tag, an dem sie im Schlehdornstrauch geblieben war, wurde er unruhig, wenn sie zu lange aus seiner Sichtweite verschwand. Er drängte sich durch die Dachziegel ins Freie und stürzte beinahe ab, weil er zu rasch auf das steile Dach schlitterte.

Der Himmel erstrahlte in allen Farben – die Wolken loderten rot und gelb vor einem Hintergrund, der alle Schattierungen zwischen dunkelblau und blaßgrün zeigte, während auf der Erde alles wie mit flüssigem Elfenbein überzogen schien. Das Männchen hüpfte um das kegelförmige Dach herum und hielt nach dem Weibchen Ausschau. Jenseits des Feldes brach Mary Lawrence gerade alle Versprechen, die sie Theo gegeben hatte; sie stand auf einem wackeligen Küchenstuhl, um einen Heckenrosenzweig festzubinden, der bei Wind störend gegen das Fenster schlug.

Das Männchen hüpfte auf die andere Seite des Daches und blickte in den Hof von Forge Farm hinunter, als ihn das Weibchen rief. Er flog an den Scheunen entlang zu ihr und sah sie auf einem schwankenden Ast der Pflaumenschlehe sitzen, der sich unter ihrem Gewicht bog. Als sie vom Zweig sprang und in den Busch hineintauchte, folgte er ihr. Von diesem Abend an war die Pflaumenschlehe ihr neues Zuhause.

Der Busch war als Schlafplatz bestens geeignet. Er lehnte an dem Stall, in dem Jim die Kälber hielt, und der süße, warme Geruch nach Heu und Dung beruhigte die Vögel, wenn sie in der Dunkelheit plötzlich aufwachten. Zuerst störte sie das Schnauben, das Hufgetrappel und das gelegentliche Klappern loser Bretter, wenn die Tiere sich an den Wänden rieben, aber allmählich wurden diese Geräusche zu einem festen, beruhigenden Teil ihres Lebens. Auch die Lage des Strauches war sehr günstig; bei Sonnenaufgang erreichten ihn die ersten Strahlen und am Abend bei Sonnenuntergang die letzten, doch während der heißen Tageszeit lag er im

Schatten des Stalls. Der größte Vorzug jedoch war, daß es bis auf die Traktorgeräusche auf der anderen Seite des Stalls hier weder Straßenlärm noch Verkehrsgefahren zu fürchten gab.

Obwohl sie mit dem Busch als Heimstatt sehr zufrieden waren, begannen sie nicht sofort mit dem Nestbau. Das Weibchen wurde erst allmählich durch die brütenden Vögel ringsum wieder dazu angeregt. Nach den schweren Verlusten des vergangenen Winters verspürte jede Vogelart den Drang, sich zu vermehren, und die Braunelle sah und hörte überall das geschäftige Treiben brütender Vögel. Von Bäumen und Hecken ertönten warnende Revierschutzrufe, Altvögel flogen, die Schnäbel voll mit Futter, vom Morgengrauen bis zur Abenddämmerung unermüdlich hin und her, um das hungrige Zwitschern ihrer Jungen endlich zum Verstummen zu bringen – ein hoffnungsloses Unterfangen.

An dem Abend Anfang Mai, als das Kuckucksweibchen im Tal eintraf und das Braunellenmännchen sie für einen Sperber hielt, kehrte das Braunellenweibchen allein zur Pflaumenschlehe zurück. Eine Zeitlang betrachtete sie das verlassene Stieglitznest, dann wurde ihre Neugierde stärker als ihre Angst. Sie hüpfte auf den zerbrochenen Rand und versuchte sich in die Mulde zu setzen, die der monatelange Regen verformt hatte. Der Sockel aus Distelwolle gab unter ihrem Gewicht nach, aber der schützende Wall rings um sie verlieh ihr ein Gefühl der Sicherheit, und sie saß immer noch dort, als das Männchen zurückkehrte.

Nach dem Schreck über den Kuckuck war er geradewegs zum Nest geflogen; er brauchte die Aufmerksamkeit und tröstliche Gegenwart des Weibchens. Doch sie kümmerte sich überhaupt nicht um ihn, sondern hüpfte in dem fremden Nest ein und aus und versuchte vergeblich, ihm wieder eine Form zu geben. Er tat, als wäre es ihm gleichgültig, wetzte seinen Schnabel an einem Zweig und kehrte ihr, als sie nicht aufhörte, sich mit dem Nest zu befassen, den Rükken zu, um sich hingebungsvoll unter dem Flügel zu putzen. Schließlich rief er sie laut und flog zu ihr hinauf. Sie beachtete ihn immer noch nicht, deshalb hüpfte er auf den Rand des Nestes, drängte sie zur Seite und setzte sich ebenfalls ins Nest. Der Platz reichte nicht für beide, und als sie einander wegschoben und stießen, gab der verfaulte Sockel nach.

Dem Weibchen gelang es, auf den Rand des Nestes und von dort auf den nächsten Zweig zu springen, das Männchen aber glitt unter einem Regen von Gras und Moos hilflos durch das Loch. Staubkörnchen benahmen ihm die Sicht, und obwohl es ihm gelang, ein paarmal mit den Flügeln zu schlagen, verlor er die Orientierung und purzelte durch zwei Etagen von Zweigen, ehe er sich wieder fing. Er piepste empört, schlug in seinem Eifer beinahe einen Purzelbaum, schoß aus dem Busch hinaus und flog über das Feld, bis er sich endlich auf den Zaun in der Zufahrt zu Little Ashden setzte. Bis zur Dämmerung blieb er dort sitzen, putzte und strählte seine Federn und flog zwischendurch kurz auf, um zu prüfen, ob sein Gefieder wieder in Ordnung war. Nur einige Deckfedern am Flügel, die sich in einem Zweig verfangen hatten, waren beschädigt, und er zog und zerrte so lange daran, bis er sie ausgerissen hatte.

Als er endlich zögernd durch das blaue Dämmerlicht zurückkehrte, sah er das Weibchen an einem Zweig zupfen, der zum Sockel des Stieglitznestes gehört hatte. Sie riß ihn heraus und flatterte mit dem Zweig im Schnabel auf einen höheren Ast. Das Männchen konnte sie in der Dämmerung kaum noch ausmachen, deshalb folgte er ihr und sah, wie sie den Zweig auf einige andere legte, mit denen sie den schmalen Spalt zwischen zwei parallelen Ästen überbrückt hatte. So begann der Bau ihres neuen Nestes.

12

Das Kuckucksweibchen findet einen Partner – Die Fuchswelpen – Der Fuchs begegnet einem Igel – Das Kuckucksweibchen beginnt zu legen – Die Mauerschwalben – Die Teichrohrsänger am Ramsell Lake – Ein Ei wird ausgetauscht

Die Natur ist ein Tempel, wo lebenden Säulen
Bisweilen verwirrende Worte entschlüpfen;
Der Mensch geht hindurch, wie durch einen Wald von Symbolen,
Die ihn mit vertrauten Blicken betrachten.

Charles Baudelaire: *Correspondances*

Die ersten Tage nach der Rückkehr des Kuckucksweibchens ins Tal waren trüb und regnerisch. Nebelschleier hingen in der Luft, und gelegentlich grollte in der Ferne der Donner. Doch das drohende Gewitter brach nicht los, und schließlich riß eine frische Brise aus dem Osten die Wolkendecke auf; sie schüttelte die frischen, grünen Blätter der Birken und Kastanienbäume im Penns Wood, wo sich das Kuckucksweibchen von der langen Reise ausruhte. Anfangs streifte sie tagelang allein durch den zehn Morgen großen Wald und nährte sich von den haarigen Raupen des Bärenspinners, die in großer Zahl die Pflanzen und Büsche auf den Lichtungen bevölkerten.

Erst eine Woche nach ihrer Ankunft begann sie sich für die Rufe der Männchen zu interessieren, die aus allen Winkeln des Waldes schallten. Ein einziger langgezogener, trillernder Pfiff von ihr genügte, um den Männchen mitzuteilen, daß sie da war, und schon kamen zwei herbeigeflogen. Der erste ließ sich in der Buche nieder, auf der sie saß, während der zweite, der wenige Minuten später eintraf, außer Sichtweite blieb und sie mit tiefen, herrischen Rufen lockte. Ein Blick auf das erste Männchen genügte ihr, um ihm den Laufpaß zu geben und sich seinem unsichtbaren Rivalen zuzuwenden. Nummer eins war ein magerer Jungvogel im ersten Sommer seines Lebens, auf dessen Rücken noch Reste des rötlichen Jungvogelflaumes zu sehen waren. Sie erschreckte ihn mit einem scharfen, höhnischen Warnruf, dann strich sie verächtlich an ihm vorbei und begab sich auf die Suche nach dem unsichtbaren Männchen, dessen geheimnisvolle Verhaltensweise sie so anziehend fand.

Über eine Stunde lang spielten sie unter der grünen Kuppel des Waldes Verstecken, und seine Rufe waren genauso warm und beseligend wie die Sonnenkringel, die durch das Laubdach fielen. Ein paarmal hielt sie an und versuchte ihn mit tiefen, gurrenden Tönen zu verführen, aber jedesmal entfernten sich seine Rufe von ihr und zwangen sie, ihm zu folgen, wenn sie seine Spur nicht verlieren wollte.

Manchmal kam sie ihm so nahe, daß seine klangvolle Stimme die sie umgebende Luft in Schwingungen versetzte und sie das Gefühl hatte, auf den Wellen seines Gesangs zu schweben. Überzeugt, daß sie ihn diesmal entdecken würde, setzte sie sich auf den nächsten Ast und sah sich erwartungsvoll um, doch schon erklang sein spöttischer Lockruf wieder aus der Richtung, aus der sie gekommen war.

Auf einer großen, sonnigen Lichtung, wo junge Kastanienbäume neben den Baumstümpfen ihrer Eltern in die Höhe schossen, erhaschte sie endlich den ersten kurzen Blick auf ihn, als er aus einer dichten Ginsterstaude aufflog, deren gelbe Blüten sich gerade öffneten. Seine Brust blitzte weiß auf, als er abbog, dann sah sie einen Augenblick die weißen Enden seines Stoßes und seine spitzen Flügel, als er im smaragdgrünen Dämmerlicht des dichten Waldes auf der gegenüberliegenden Seite der Lichtung verschwand. Sie beschleunigte ihre Flügelschläge und schoß hinter ihm her, so schnell, daß sie Blätter und Zweige streifte.

Doch wie sehr sie sich auch anstrengte, sie konnte ihn nicht einholen; als sie den Waldrand erreichte und plötzlich in die Helligkeit des freien Feldes tauchte, sah sie ihn nirgends. Sie stieg hoch empor, um von oben nach ihm Ausschau zu halten, aber er war verschwunden. Eben wollte sie wieder in den Wald zurückkehren, als sie über sich einen Schrei hörte, der sie aufblicken ließ. Irgendwie war es ihm gelungen, über sie emporzusteigen, während sie ihm den Rücken zuwandte, und jetzt schoß er in einem atemberaubenden Sturzflug auf sie zu. Er fegte an ihr vorbei, richtete den Körper auf und wechselte aus dem Sturzflug in einen Gleitflug, der ihn gemächlich am Waldrand entlangtrug, bis er in sanftem Bogen auf einem Pfosten des Weidezauns landete. Er schlug zweimal mit den Flügeln, faltete sie dann majestätisch zusammen und blickte auf. Sein Flug war stolz und kraftvoll gewesen, und sie versuchte nicht, es ihm nachzumachen. Statt dessen beschrieb sie einen großen, eleganten Kreis, der sie auf das Feld hinaustrug und dann langsam zu ihm zurückführte. Sie hatte die Entfernung genau berechnet, sank beinahe unmerklich tiefer und befand sich schließlich auf gleicher Höhe mit ihm. Ihre ausgebreiteten Flügel streiften ihn beinahe, als sie an ihm vorübersegelte, dann vollführte sie eine Rechtswendung und landete auf der Hecke.

Fast unerträglich lange kehrte sie ihm den Rücken zu, dann drehte sie sich um und sah ihn an. Er schwankte leicht, als wollte er auffliegen, dann senkte er den Kopf, so daß sie seinen breiten, schiefergrauen Rücken sah, ließ die Flügel sinken und hob den gefächerten, zitternden Stoß. Die kleinen Federchen an seinem Hals bebten, dann öffnete er den Schnabel, und sein süßer Gesang, der in Wellen auf sie zurollte, ließ sie bis ins Mark erschauern. Sie schloß überwältigt die Augen – jeder Doppelton verschmolz mit dem Nachhall des eben verklungenen, um melodisch in den nächsten überzugehen.

Als die Sequenz schließlich verklungen war, schwiegen beide wie betäubt. Sie bewegte sich als erste, um die Entscheidung herbeizuführen: Würde er ihr folgen? Sie stieg auf und steuerte dem Wald zu. Ihr Flug war seltsam unsicher, beinahe taumelnd, und sie mußte ständig die Richtung korrigieren. Ohne sich umzusehen, überquerte sie fast den ganzen Wald und ließ sich schließlich auf einem der unteren Äste einer Buche nieder. Noch ehe sie sich umdrehen konnte, saß er neben ihr.

Obwohl jetzt beide entschlossen waren, sich zu paaren, fühlten sie sich nicht aneinander gebunden. Sie hatten keinen gemeinsamen Schlafplatz und gingen auch tagsüber sehr oft getrennte Wege. Das Weibchen antwortete auch anderen Männchen und wurde von ihnen umworben. Unter diesen Bewerbern wählte sie einen, der ein paar Stunden mit ihr fliegen durfte, zum Zeichen dafür, daß sie ihm gestatten würde, sich mit ihr zu paaren, sobald es an der Zeit war. Doch die meiste Zeit verbrachte sie mit dem ersten Männchen. Die beiden genossen das Fangenspiel im Labyrinth des Waldes, bei dem sie sangen und sich wechselseitig riefen, einander neckten und täuschten, einer dem anderen nachjagten und voreinander flohen, bis einer von ihnen sich einholen ließ und das Ritual seinen Höhepunkt erreichte.

An einem sonnigen Abend flogen sie tief über den Fuchsbau hinweg. Die Fähe, eine vorbildliche Mutter, jagte nun schon Mäuse für ihre Jungen, während der Rüde vor dem Eingang zum Bau lag und die Welpen beaufsichtigte, die draußen herumtollten. Sie waren jetzt sechs Wochen alt, und ihr graubraunes, wolliges Fell zeigte schon den ersten Schimmer jenes rotgoldenen Brauntons, den es einmal haben würde.

Sie verbrachten immer noch die meiste Zeit in dem engen Bau, so daß die freie Weite der Außenwelt etwas ganz Neues, Abenteuerliches und Unheimliches für sie war. Sie entfernten sich nie weit vom Höhleneingang, untersuchten und beschnüffelten alles voll Neugier, stürzten sich wagemutig auf nahe Sträucher und Grasbüschel, rannten dann rasch wieder zurück und balgten miteinander. Einige Minuten lang wedelten ihre kleinen, spitzen Schwänze aufgeregt und kampflustig, ihre schwachen Kiefer bissen sich spielerisch an den Gliedern und im Fell der Geschwister fest, bis sie sich wieder beruhigten, voneinander abließen, die Ohren spitzten und neuerlich auf Erkundung ausgingen.

Als die großen Schatten der beiden Kuckucke plötzlich zwischen den Bäumen hervorbrachen und dicht über ihnen dahinfegten, erstarrten die Jungen einen Augenblick und flüchteten dann in Deckung. Sie kletterten und stolperten über den Körper ihres Vaters und stürzten sich quiekend in den Eingang des Baus. Der Fuchsrüde, der gerade eingedöst war und die Ursache der Panik versäumt hatte, sprang auf und fletschte automatisch die Zähne, bereit, seine Jungen zu verteidigen. Die Kuckucke waren jedoch schon zwischen den Bäumen verschwunden, und als der Fuchs sich umsah, konnte er keinen Grund für die Aufregung entdecken. Er knurrte nicht mehr wütend, sondern tadelnd, und die Jungen verkrochen sich noch tiefer im Bau.

Der Lärm und das ständige Toben der Jungen gingen dem Rüden immer mehr auf die Nerven. Die Fähe hatte beinahe ganz aufgehört, sie zu säugen, sie ging nun schon selbst auf die Jagd, und er konnte dem Bau oft viele Stunden fernbleiben. Bald würde sie mit den Jungen kurze Ausflüge unternehmen, um sie in der Kunst des Jagens zu unterrichten, und dann brauchte er die Kleinen auch nicht mehr zu beaufsichtigen.

Einige Tage nach dem Zwischenfall mit den Kuckucken war es tatsächlich soweit; als der Fuchsrüde nach längerer Abwesenheit zum Bau zurückkehrte, stellte er fest, daß die Fähe mit den Jungen ausgezogen war. Sie hatte sie in ein neues Versteck in der Nähe eines ergiebigen Jagdreviers geführt, und der Rüde, der damit seiner Pflichten ledig war, unternahm keinen Versuch, sie zu finden. Statt dessen schweifte er umher, bis er im Birkenwald hinter Brook Cottage auf einen verlassenen Kaninchenbau stieß. Er erweiterte den Eingang und ließ sich in dem Bau nieder, glücklich, endlich wieder allein zu sein. Von hier aus unternahm er seine nächtlichen Raubzüge ins Tal. In Brook Cottage und Forge Farm knurrten Teddy und Will jedesmal leise, wenn sie seine Anwesenheit witterten. Die beiden Braunellen in der Pflaumenschlehe vernahmen ihn oft, wenn er an den Wänden der Scheunen und Ställe schnüffelte, um Ratten oder Mäuse aufzuspüren. Die beiden Vögel kauerten dann regungslos neben ihrem inzwischen fertiggestellten Nest und warteten, daß die Gefahr vorüberging.

Viele Tiere fürchteten den Fuchs, darunter auch der Igel, der das Braunellenei gefressen hatte. Der Fuchs schnürte fast immer, wenn er von Brook Cottage kam, an der Hecke entlang, und der Igel war schon öfter im letzten Augenblick in das verlassene Wespennest geflüchtet, das er erweitert und zur Wohnhöhle ausgebaut hatte. Doch eines Nachts wählte der Fuchs einen anderen Weg nach Forge Farm, so daß der Igel auf sein Auftauchen nicht gefaßt war. Der kleine Geselle war durch das hohe Gras zum Fluß gewandert, wo er Jagd auf Schnecken machte, und als der Fuchs geräuschlos zur Straße trabte, vernahmen seine scharfen Ohren das leise Rascheln. Er blieb sofort stehen und drehte den Kopf, um das Geräusch genauer zu lokalisieren. Der Igel bewegte sich langsam voran, seine spitze Schnauze schnupperte in jede Höhlung, in der er Nahrung vermutete. Die kurzen Beine mit den winzigen Pfoten verursachten kein Geräusch, weil seine Sohlen weich gepolstert waren, aber das Rascheln seiner langen Stacheln im trockenen Gras verriet ihn. Sobald der Fuchs die Richtung ermittelt hatte, glitt er vorsichtig unter dem Zaun hindurch und schlich sich Schritt für Schritt geduldig an seine Beute an.

Dank seiner Geduld und Vorsicht kam er bis auf wenige

Meter an den wühlenden Igel heran, bevor er entdeckt wurde. Und selbst jetzt registrierte der Igel nur ein leichtes Vibrieren des Bodens, das ihn jedoch sofort alarmierte. Er zog den Kopf ein, stellte als erste Vorsichtsmaßnahme die Stacheln auf und wartete mit gespannten Sinnen, um das Ausmaß der Gefahr abzuschätzen. In dem Augenblick preschte der Fuchs vor, und der Igel, der die Gefährlichkeit der Situation nun erkannte, vollendete sein Verteidigungsmanöver, indem er sich zur Kugel zusammenrollte.

Der Fuchs schnüffelte an dem stacheligen Bündel und schubste es mit der Pfote, so daß es hin und her rollte. Er hatte sich auf der Farm bereits satt gefressen, aber die Herausforderung reizte ihn, und er versetzte der Kugel einen stärkeren Stoß, so daß sie eine volle Umdrehung beschrieb. Dann suchte er mit der Schnauze den weichen Bauch des Geschöpfs. Die scharfen Stacheln verletzten seine Nase, er wich leise aufjaulend zurück, und jetzt trat Zorn an die Stelle der Neugierde. Er streckte die Krallen seiner rechten Vorderpfote aus und stieß den Igel damit vor sich her. Das kleine Geschöpf spürte die Stöße, die es durch das Gras rollten und schwindlig machten, doch es spannte seine Hals- und Rückenmuskeln weiter an, so daß es die Kugelgestalt beibehielt, und seine Weichteile durch die harten, spitzen Stacheln vollkommen geschützt waren. Der Igel war schon von einigen Tieren angegriffen worden, und diese Schutzmaßnahme hatte sich bisher immer bewährt. Er rollte weiter, prallte manchmal von Hindernissen ab oder wechselte die Richtung, wenn sich seine Stacheln im langen Gras verfingen. Sein Herz hämmerte wild, doch er widerstand der Versuchung, sich aufzurollen und davonzulaufen. Das wäre sein sicherer Tod gewesen; er mußte einfach darauf warten, daß der Angreifer die Geduld verlor und sich trollte. Doch die Vorfahren des Fuchses hatten längst das Problem gelöst, vor das dieses Geschöpf sie stellte, und ohne zu wissen warum, folgte der Fuchs instinktiv dieser alten Weisheit. Er rollte den Igel immer weiter auf das Flußufer zu, hielt dort einen Augenblick inne und stieß die Kugel dann über den Rand der Uferböschung.

Der Igel erschrak, als er plötzlich ins Leere stürzte; er schlug noch einmal auf der Böschung auf und rollte dann geradewegs in den Fluß. Das kalte Wasser, in dem er versank, zwang ihn, etwas zu unternehmen, und er rollte sich endlich auf. Schnaufend und strampelnd gelangte er an die Wasseroberfläche und begann hektisch zu rudern, doch seine kurzen Beinchen vermochten nichts gegen das schnellfließende Wasser, das hier noch schäumte und gurgelte, weil es das Wehr gerade hinter sich gelassen hatte. Von der Strömung im Kreis herumgewirbelt, trieb der Igel hilflos flußabwärts.

Kaum sah der Fuchs, daß sich der Igel aufrollte und abgetrieben wurde, lief er am Ufer entlang bis zur Brücke und sprang dort in den Fluß. Er hatte die Geschwindigkeit des Wassers genau abgeschätzt, und als er die Flußmitte erreichte, trieb auf der silbernen Oberfläche der dunkle, runde Körper des Igels genau auf ihn zu. Der verzweifelt paddelnde Igel, dem das Wasser die Sicht raubte, hörte wohl ein lautes Aufklatschen vor sich, erblickte das aufgesperrte Maul des Fuchses jedoch erst in letzter Sekunde.

Es war ein Jagdmanöver, das Präzision erforderte – die Beute bewegte sich, und wenn der Fuchs die kleine, spitze Schnauze verfehlte und in die Stacheln biß, würde er sich schmerzhaft verletzen –, aber es gelang ihm perfekt. Seine Kiefer schlossen sich um den Kopf, und die langen, spitzen Zähne bohrten sich in den Schädel und den Hals des Igels. Dabei tauchte er kurz unter, und das kalte Wasser, das ihm ins Maul drang, verwässerte den Geschmack des warmen Blutes. Als er wieder auftauchte, biß er die Kiefer fester zusammen. Der Igel war bereits tot, aber seine Rückenmuskeln zogen sich in einem Reflex noch einmal zusammen, und seine Stacheln stellten sich zum letztenmal auf.

Auf halbem Weg zum Ufer verlor der Fuchs das Interesse an seiner Beute, öffnete das Maul und ließ den durchnäßten kleinen Leichnam unter der Brücke davontreiben. Etwa eine Meile stromabwärts blieb er in einem Haufen Abfall hängen, der in einer Bucht angeschwemmt worden war, und diente dort einige Wochen lang unzähligen Fliegen und Käfern als Nahrung.

Das Kuckucksweibchen legte zu Beginn der vierten Maiwoche ihr erstes Ei. Die unglücklichen Zieheltern, deren eigene Nachkommen der winzige Mörder, der in dem Ei heranwuchs, umbringen würde, waren ein Paar Schilfrohrsänger, die ihr Nest am Ufer eines kleinen Teichs am Rand des Oakdown Forest gebaut hatten. Das Kuckucksweibchen selbst war auch von Schilfrohrsängern aufgezogen worden, und obwohl sie darauf programmiert war, ihre Eier in die Nester aller möglichen Vögel zu legen, zog sie diese kleinen braunen Vögel vor, deren Grasnest mit der tiefen Mulde ihr so vertraut war.

Sie hatte ihr Revier nach geeigneten Pflegeeltern abgesucht und dann geduldig auf den richtigen Augenblick gewartet, um das Ei hier abzulegen. Als das Rohrsängerweibchen am Morgen das letzte ihrer vier Eier legte, fühlte sich das Kuckucksweibchen dadurch angeregt und war am frühen Nachmittag zur Eiablage bereit. Ein paar Stunden später verließ das Rohrsängerweibchen, dessen Kopf über dem Rand des Nestes kaum zu sehen gewesen war, sein Gelege, hüpfte auf eines der Schilfrohre, an denen das Nest hing, und kletterte seitlich bis zur Spitze des schlanken Halms hinauf. Sie sang einige Male ihr schnarrendes Lied, das gelegentlich in eine melodischere Tonfolge überging, flog dann über das Wasser und verschwand im dichten Gestrüpp am anderen Ufer.

Sogleich stieß das Kuckucksweibchen herab. Sie landete am Rand des Nestes, doch als sie die richtige Stellung einnehmen wollte, um zu legen, schwankten und zitterten die Schilfhalme so sehr, daß sie auf das grasbewachsene Ufer zurückflog. Sie hob den Schwanz, breitete die Flügel ein wenig aus, um sicherer zu stehen, und legte das Ei ins Gras. Alles weitere war eine Frage der Geschwindigkeit. Kaum hatte das Ei den Boden berührt, drehte sie sich um, packte es mit dem Schnabel und flog zum Nest zurück. Mühsam das Gleichgewicht bewahrend, legte sie ihr Ei zwischen die anderen und nahm dafür eines von ihnen in den Schnabel. Mit einem kurzen Blick überzeugte sie sich, wie gut ihr Ei zu den anderen paßte. Es war größer und von einem etwas helleren Braun als die beinahe olivgrünen Eier der Schilfrohrsänger, aber es war ganz ähnlich marmoriert, und deshalb würden es die Pflegeeltern bestimmt nicht aus dem Nest werfen.

Sie flog langsam zum Penns Wood zurück, bevor sie das gestohlene Ei aufpickte und mitsamt der Schale fraß, um sich mit Aufbaustoffen für ihre weiteren Eier zu versorgen. Achtundvierzig Stunden später legte sie das nächste Ei, und wieder wählte sie das Nest eines Schilfrohrsängers – diesmal an einem Teich, der etwas weiter oben im Wald lag.

Da sie damit alle in Frage kommenden Legemöglichkeiten im Westen ihres Reviers ausgeschöpft hatte, suchte sie im Süden weiter. Sie flog aufmerksam das Tal entlang und musterte das Schilf am Flußufer genau, aber ihr eigentliches Ziel war der Ramsell Lake, etwa eine halbe Meile südlich des Birkenwaldes. Dieses ovale Gewässer, das in einer Senke mit steilen Ufern lag und von einem trägen, von Unkraut überwucherten Bach durchflossen wurde, verdiente kaum die Bezeichnung »See«, doch das dichte Schilf am Ufer war ein idealer Nistplatz für Schilfrohrsänger. Sie fand tatsächlich drei Nester – zwei im Schilf und eines auf halber Höhe der Uferböschung in einem Heckenrosenstrauch –, doch nur eines davon, in dem bereits vier Eier lagen, kam für ihre Zwecke in Frage.

Das Kuckucksweibchen beobachtete das Nest den ganzen Nachmittag über von einer Eibe am Ufer aus. Aus dem Verhalten der Schilfrohrsänger schloß sie zu Recht, daß das Weibchen noch ein fünftes und letztes Ei legen würde. Auch in ihrem Leib entwickelte sich schon wieder ein Ei, aber da das Schilfrohrsängerweibchen das Nest erst verlassen würde, wenn das Gelege vollständig war, mußte sie unter Umständen zwei Tage warten, ehe sie es ablegen konnte.

Sie verließ die Eibe und flog am Fluß entlang zum Penns Wood zurück. Um Brook Cottage schwirrten an die zwanzig Hausschwalben herum, und als das Kuckucksweibchen vorbeiflog, stürzten sie sich alle zwitschernd und aggressiv kreischend auf sie. Sie jagten fast eine Meile hinter ihr her, ehe sie in ihr Nistrevier zurückkehrten.

Die Hausschwalben bauten ihre Nester unter den Dächern fast aller Gebäude um Forge Farm. Der Kuckuck stellte gar keine Bedrohung für sie dar, aber sie reagierten besonders heftig auf seine sperberähnliche Gestalt, weil sie gerade Schlamm für den Nestbau sammelten und sich immer bedroht und ausgeliefert fühlten, wenn sie auf dem Boden landeten.

Daniel hatte schon seit längerem das Hin- und Herfliegen der Schwalben bemerkt, und da er sein Lernpensum für diesen Tag erledigt hatte, saß er jetzt am offenen Fenster und beobachtete sie. Sie flogen im Bogen über die Hecke und dann nach rechts weiter zu der Pfütze am Rand der Zufahrt nach Forge Farm. Dort landeten sie, breiteten haltsuchend die Flügel aus, nahmen ein Schlammklümpchen in den Schnabel und schossen davon, als könnten sie es nicht ertragen, länger als zwei Sekunden auf dem Boden zu stehen. Nach ein paar hastigen Flügelschlägen befanden sie sich wieder in ihrem Element und flogen eilig zurück nach Forge Farm.

Obwohl in diesem Gebiet alljährlich Schwalben nisteten, hatte Daniel noch nie zuvor so viele gesehen, und fasziniert beobachtete er die kreisenden, dahinschießenden Vögel mehr als eineinhalb Stunden lang. Als die letzte Schwalbe die Arbeit einstellte und ihr weißer Bürzel in der Nacht verschwand, war es beinahe vollkommen finster.

Am nächsten Morgen kam die Physiotherapeutin, die Daniel zweimal wöchentlich besuchte. Sie machte mit ihm eine Reihe anstrengender Übungen, die er gar nicht mochte, weil ihm das Bein dabei weh tat, und dann erklärte sie ihm auch noch, daß sie mit seinen Fortschritten gar nicht zufrieden sei und fürchte, daß ernste Maßnahmen erforderlich wären, wenn er das Bein nicht bald in einem Winkel von mehr als fünfundvierzig Grad abbiegen könne. Sobald sie gegangen war, übte Daniel allein weiter, um die frühere Beweglichkeit seines Knies wiederzuerlangen. Nach einer weiteren halben Stunde voll Schmerzen und Schweiß bekam er solche Angst, nie wieder normal gehen zu können, daß er beschloß, im Freien weiterzuüben.

Während er den Gartenweg hinunterhinkte, versuchte er sich einzureden, daß er deutliche Fortschritte machte – er brauchte zum Beispiel keine Krücken mehr. Die Physiotherapeutin wollte ihm bestimmt nur Angst machen, damit er nicht nachlässig wurde. Doch während er auf die Zufahrt zu humpelte, wurde ihm mit Schrecken bewußt, wie sehr er das Bein nachzog und wie mühsam er die Hüfte drehen mußte, um es nach vorn zu schwenken. Als er an der Schlammpfütze vorbeikam, war er so mit seinem Bein beschäftigt, daß er die Schwalben gar nicht bemerkte, die vor ihm aufstoben.

Als er um die Ecke zur Zufahrt bog, kam Mary Lawrence ihm entgegen; sie lächelten einander gequält zu, weil sie beide ähnliche Schwierigkeiten mit dem Gehen hatten. Dann standen sie eine Weile und unterhielten sich, während die Schwalben über ihnen kreisten und empört schrien, weil sie ihr Nistmaterial nicht holen konnten. Daniel hatte Mrs. Lawrences Behinderung nie besondere Aufmerksamkeit geschenkt, aber weil er sich jetzt genauer danach erkundigte, schilderte sie ihm, wie ihre Arthritis seit zehn Jahren immer schlimmer wurde: Sie konnte nicht mehr im Bett schlafen, sondern verbrachte die Nächte im Lehnstuhl; und nun hoffte sie, daß sie nur noch wenige Monate warten mußte, bis sie endlich operiert wurde.

Als sie sich nach einer halben Stunde voneinander verabschiedeten, schwirrten die ungeduldigen Schwalben herbei, um wieder Schlamm für den Nestbau zu sammeln.

In dieser Nacht schmerzte Daniels Bein, weil er soviel geübt hatte. Er schlief unruhig und wachte jedesmal vor Schmerzen auf, wenn er seine Lage veränderte. Nur indem er sich Mrs. Lawrences Würde und Tapferkeit in Erinnerung rief, konnte er verhindern, daß Angst und Verzweiflung ihn übermannten.

Gegen Morgen fand er sich damit ab, daß er nicht mehr einschlafen konnte, und stand auf. Er machte sich eine Tasse Tee, legte sich aufs Sofa und starrte in das Morgengrauen hinaus. Einige Minuten später flog der Kuckuck langsam aber zielstrebig über das Weideland. Daniel griff nach seinem Feldstecher, doch als er ihn an die Augen hob, war das Kuckucksweibchen bereits verschwunden.

Sie landete in der Eibe oberhalb des Sees und wartete auf den richtigen Augenblick.

Die Zeit verging dem Kuckucksweibchen nur langsam. Da die Pflegeeltern sie auf keinen Fall sehen durften, mußte sie sich in ihrem Versteck vollkommen ruhig verhalten, auch wenn das Ei in ihrem Leib ihr allmählich Unbehagen bereitete. Es war mehr als reif, aber ein paar Stunden konnte sie es noch zurückhalten.

Das Rohrsängerweibchen legte das fünfte Ei zeitig am Morgen, und das Kuckucksweibchen hoffte, daß sie danach auf Futtersuche fliegen würde, bevor sie zu brüten begann. Statt dessen schob und rückte sie die Eier zurecht und setzte sich darauf, als wollte sie dort sitzen bleiben, bis sie ausgebrütet waren. Das Kuckucksweibchen wurde immer ungeduldiger – ihr Ei mußte an diesem Tag gelegt werden.

Von ihrem Aussichtsplatz aus beobachtete sie jede Bewegung der Schilfrohrsänger und wartete auf irgendein Anzeichen dafür, daß das Weibchen das Nest verlassen wollte. Selbst ein kurzer Lockerungsflug des brütenden Vogels würde dem Kuckucksweibchen für ihre Transaktion genügen. Inzwischen bekam sie vom Stillsitzen schon Muskelkrämpfe, und der Druck auf ihre Kloake wurde allmählich schmerzhaft.

Am frühen Nachmittag stand das Rohrsängerweibchen auf und hüpfte auf den Nestrand. Das Kuckucksweibchen ließ sie nicht aus den Augen und wartete darauf, daß sie aufflog, aber die künftige Ziehmutter war nur durch ein lautes Klatschen in der Mitte des Teiches aufgeschreckt worden, wo eine Ringelnatter einen Wassermolch verschlang. Sobald sie die Ursache des Lärms erkannt hatte, setzte sie sich wieder auf ihre Eier und kümmerte sich nicht mehr um den geräuschvollen Kampf im Wasser. Das Kuckucksweibchen dagegen beobachtete fasziniert, wie der unglückliche Molch sich wand und um sich schlug, während er quälend langsam im Rachen der Schlange verschwand.

Die Schlange hatte den Kopf des Molchs bereits fest gepackt, als sie an die Oberfläche kamen, aber die kleine Amphibie wehrte sich erbittert. Während die langbeinigen Wasserläufer vor dem aufgewühlten Wasser und den Spritzern flüchteten, versuchte der Molch immer noch, sich loszureißen. Die Schlange wand sich um ihre zappelnde Beute und stopfte sie unerbittlich tiefer in ihr Maul. Die krabbelnden Vorderbeine des Molchs bereiteten ihr dabei Schwierigkeiten, aber sobald sie ihre locker verbundenen Kiefer soweit aufgesperrt hatte wie möglich, konnte sie sie verschlingen.

Jetzt schnürten die Halsmuskeln der Schlange dem Molch die Luft ab, ihr giftiger Speichel begann sein Fleisch aufzulösen, und seine krampfhaften Zuckungen verebbten. Als die Ringelnatter zehn Minuten später endlich mit schlängelnden Bewegungen zum Ufer schwamm, ragte der Schwanz des Molchs jedoch immer noch wie eine große Zunge aus ihrem Maul. Das Kuckucksweibchen sah zu, wie sie an Land kroch und davonglitt, und blickte dann wieder zum Nest hinüber. Die Schilfrohrsänger waren fort.

Das Weibchen schob sich langsam auf dem Ast vor und überblickte die Lage. Am anderen Ende des Sees jagte eine Bachstelze nach Insekten, aber von den Schilfrohrsängern war keine Spur zu sehen, also verließ sie ihren Aussichtsplatz und flog zum Nest hinunter. Die Schilfrohre schwankten ein wenig, als sie aufsetzte, aber das Nest war so fest gebaut, daß sie das Ei direkt hineinlegen konnte. Sie beugte sich vor, um eines der Schilfrohrsängereier in den Schnabel zu nehmen, doch dann beschloß sie, zuerst ihres zu legen, und drehte sich um, so daß sich ihr Hinterteil über der Mulde befand. Als sie den Schwanz senkte und sich vorbeugte, erschrak sie über ihr Spiegelbild im ruhigen Wasser. Sie sperrte den Schnabel auf, drohte der Rivalin und geriet dann in vollkommene Verwirrung, denn im gleichen Augenblick öffnete nicht nur die Rivalin unter ihr den Schnabel, sondern auch über ihr und hinter ihr ertönte schrilles, drohendes Gezeter.

Die zurückkehrenden Schilfrohrsänger hatten den Kuckuck erspäht, als sie den Rand der Böschung überflogen, um von dort auf das Nest zuzusteuern. Das Ufer war steil, und sie mußten normalerweise den Winkel genau berechnen, um nicht mit zu großer Geschwindigkeit beim Nest anzulangen, aber diesmal kamen sie wie die Pfeile heruntergeschossen, um ihre Eier zu verteidigen. Sie flitzten am Kopf des erschrockenen Kuckucksweibchens vorbei, stießen empörte Schreie aus und umkreisten den Feind mit schwindelerregender Schnelligkeit. Das Kuckucksweibchen flatterte in blinder Panik vom Nest auf, doch die Schilfrohrsänger stießen schon wieder auf sie zu. Sie kamen in einem steilen Winkel von unten auf sie zu und schossen beiderseits an ihrem Kopf vorüber. Sie zuckte zusammen und tauchte instinktiv hinunter. Aber ihr großer schwerer Körper eignete sich nicht für rasche Flugmanöver in einem engbegrenzten Raum, und beinahe wäre sie in den See abgestürzt. Ihre Flügelspitzen und der lange Schwanz streiften das Wasser, und einen Augenblick hatte sie das Gefühl, daß es sie in die Tiefe zog, doch die Angst verlieh ihr die Kraft, sich nochmals hochzureißen.

Die Schilfrohrsänger griffen neuerlich an, doch sie sausten unter ihr vorbei, so daß sie höher steigen konnte und nicht in Gefahr geriet, zu ertrinken. Sie bog nach links ab, gewann immer mehr an Höhe, und obwohl das kleine Paar sie zornig zwitschernd weiter verfolgte, wußte sie, daß sie nun in Sicherheit war. Jedesmal, wenn die beiden ihr zu nahe kamen, wendete sie den Kopf und sperrte drohend den Schnabel auf, bis die Schilfrohrsänger die Verfolgung aufgaben und zu ihrem Nest zurückkehrten.

Dennoch war es ein Schock für das Kuckucksweibchen gewesen, und sie flog schnell weiter, um vom See wegzukommen. Sie überquerte den Fluß und das Feld, auf dem Jim die Gerste spritzte, und hielt erst an, als sie die andere Talseite erreichte. Hier landete sie auf einer großen Eiche, die den Felsen hinter Forge Farm überschattete, und rastete in ihrem dichten Laub.

Sie blieb über eine Stunde gespannt und unruhig sitzen, bis die Schließmuskeln ihrer Kloake sich schmerzhaft verkrampften und sie daran erinnerten, daß sie ihr Ei legen mußte. Wenn sie nicht binnen kürzester Zeit ein Wirtsnest fand, mußte sie das Ei einfach ausstoßen und aufgeben.

Das Braunellenweibchen hatte das letzte Ei des Geleges umgedreht, plusterte die Brustfedern auf und setzte sich wieder auf die vier himmelblauen Eier. Die Freude an der Paarung und dem Eierlegen war diesmal noch intensiver gewesen als das erste Mal. Sie fühlte sich vollkommen befriedigt, wenn sie auf den Eiern saß, und da sie seit dem Verlust des ersten Nestes eine unbestimmte, aber deutliche Unruhe empfand, hatte sie das kostbare Gelege immer nur für wenige Minuten im Stich gelassen. Das Männchen brachte ihr Nahrung, und sie verschaffte ihrem steifen Körper Erleichterung, indem sie innerhalb des Busches herumflatterte. Doch da offenbar in der Nähe des Nistplatzes keinerlei Gefahren lauerten, hatte sie in letzter Zeit der Versuchung nachgegeben, für kurze Zeit selbst auf Futtersuche zu gehen.

Kurz zuvor war das Männchen aufgeregt zurückgekehrt, weil es auf der gegenüberliegenden Seite des Flusses zarte, junge Samen gefunden hatte. Er hatte ihr immer wieder welche gebracht, aber sie verspürte größte Lust, sich selbst welche zu holen. Jetzt hörte sie von ferne neuerlich sein aufgeregtes, begeistertes Gezwitscher, mit dem er von den köstlichen Samen berichtete. Diesmal konnte sie nicht widerstehen. Sie hüpfte auf den Nestrand, überzeugte sich rasch, daß mit den Eiern alles in Ordnung war, und flog dann in den Abendsonnenschein hinaus.

Von der Eiche aus beobachtete das Kuckucksweibchen, wie die Braunelle hinter der Scheune hervorkam und über das Feld flog. Diese Begebenheit interessierte sie nicht weiter, und als sich ihre Kloake wieder schmerzhaft verkrampfte, wollte sie sich schon abwenden, als die Braunelle plötzlich umkehrte und zurückflog. Sie war sichtlich unruhig und unentschlossen, und das erregte die Aufmerksamkeit des Kuckucksweibchens. So verhielt sich ein Vogel, der etwas beschützte – vielleicht ein Nest? Das Kuckucksweibchen beobachtete aufmerksam, wie die Braunelle hinter dem Stall verschwand, und flog sofort auf eine kleine Esche links von der Eiche, um sich eine bessere Übersicht zu verschaffen. Von diesem Beobachtungsposten aus konnte sie die Pflaumenschlehe sehen.

Einen Augenblick später tauchte die Braunelle aus eben diesem Strauch wieder auf; sie hatte sich offenbar beruhigt, denn sie flog nun entschlossen über das Feld. Das Kuckucksweibchen beobachtete sie, sah, wie sie den Fluß überquerte und auf dem Weideland am anderen Ufer landete, sah, wie das Männchen sie begrüßte und wie die beiden zwischen dichten Büscheln von Ampfer und Butterblumen verschwanden. Sobald sie außer Sicht waren, flog sie zur Pflaumenschlehe. Sie landete auf dem Dachrand direkt darüber und blickte hinunter. Zuerst entdeckte sie nichts Außergewöhnliches, doch dann bewegten sich die Blätter im Wind, und zwischen ihnen blitzte etwas Hellblaues auf. Sie schaute zum Feld hinüber – von den Braunellen war weit und breit nichts zu sehen.

Zwischen dem Astgewirr und den scharfen Dornen kam sie nur mühsam weiter, doch endlich hatte sie sich bis in die Mitte des Busches vorgearbeitet. Noch zwei kurze Sprünge, und sie war beim Nest. Sie spürte, daß das Leben in den vier blauen Eiern schon weit entwickelt war, und daß die jungen Vögel vor ihrem Küken schlüpfen würden. Seine Überlebenschancen wurden dadurch zwar verringert, aber es war den Versuch wert. Sie konnte nicht mehr warten. Sie nahm eines der Braunelleneier in den Schnabel und setzte sich auf das Nest. Ihre Schließmuskeln waren so verkrampft, daß sie stechende Schmerzen empfand, als sie sie entspannen wollte. Sie war nicht imstande, das Ei hinauszupressen. Besorgt spähte sie durch das Laubwerk, doch die Braunellen waren noch nicht aufgetaucht.

Sie hob kurz ihr Hinterteil und ließ sich dann wieder nieder. Diesmal zwang sie sich zu pressen, aber das Ei kam noch immer nicht. Sie richtete sich wieder auf, und jetzt begann es endlich in Bewegung zu geraten. Als sich der breiteste Teil des Eis durch die Öffnung zwängte, nahm der Druck zu, bis er beinahe unerträglich wurde. Dann ließ er plötzlich nach, und sie spürte, wie das Ei austrat. Ihre Muskeln entspannten sich, der Schmerz klang ab, sie hob den langen Schwanz und drückte ihr Hinterteil so tief wie möglich in die Nestmulde. Das Ei glitt ganz hinaus und rollte zur tiefsten Stelle des Nestes. Sie hüpfte auf den Zweig und sah sich um: Ihr Ei lag neben den anderen drei Eiern, als gehörte es dazu.

Es war einfacher, den Busch zu verlassen, als in sein Inneres einzudringen, und das Kuckucksweibchen hüpfte und flatterte hinaus, ohne einen Blick zurückzuwerfen. Sie sprang mit halb ausgebreiteten Flügeln auf den Boden, rückte das Ei in ihrem Schnabel zurecht und strich dann dicht über dem Boden davon. Erst als sie die Kuppe des gegenüberliegenden Hanges erreichte, stieg sie in die Höhe. Ein paar Minuten später landete sie auf einer Lichtung in Penns Wood und fraß das Braunellenei. Noch während sie damit beschäftigt war, hörte sie den verführerischen Ruf des Männchens. Es war Zeit, sich wieder zu paaren.

Das Braunellenweibchen hatte die Freiheit genossen: Es war ein Vergnügen gewesen, die Samen von den biegsamen Stengeln zu picken, die schwankend unter ihrem Gewicht nachgaben, und sich durch die kühlen grünen Blätter zu drängen, die ihren Bauch und ihre Flanken so angenehm kitzelten und kratzten. Aber jetzt rief wieder die Pflicht. Sie fraß den letzten Samen und flog zum Nest zurück.

Noch bevor sie es erreichte, spürte sie, daß irgend etwas geschehen war. Es beschlich sie das Gefühl, daß sich ein Eindringling an ihrem Nest zu schaffen gemacht hatte, und sie hüpfte entsetzt auf den Nestrand. Die Eier lagen noch darin; ihre Erleichterung war so groß, daß sie sofort hineinsprang und sich auf ihnen niederließ.

Während der langen Brutzeit war es ihr gelungen, die Eier so zu ordnen, daß sie genau unter ihren Leib paßten. Doch jetzt konnte sie sie rollen und wenden so oft sie wollte – sie fand keine bequeme Sitzposition mehr. Schließlich sprang sie auf, hüpfte auf den Rand des Nestes und betrachtete die Eier kritisch von allen Seiten.

Das Kuckucksei war größer als die ihren, und seine braungrüne Schale mit den dunklen Sprenkeln hob sich deutlich von ihren himmelblauen Eiern ab. Sie bemerkte den Unterschied, der sie verwirrte und ihr sogar Angst einflößte, doch ihr Brutpflegeinstinkt war stärker als die Unsicherheit. Sie ließ sich wieder auf den Eiern nieder und schaffte es endlich, sie alle vier mit ihrem Körper zu schützen.

13

Die Brutzeit – Wachstum – Schlüpfen – das Füttern beginnt – die Hackordnung

... noch Seine Wunder ergründen. Denn könnte die menschliche Vernunft Gottes Wunder leicht begreifen, dann wären sie weder wunderbar noch unaussprechlich.

Thomas à Kempis: *Die Nachfolge Christi*

Das Wetter wurde unbeständig. Ein für die Jahreszeit zu kalter Wind trieb dichte, schiefergraue Wolken über das Tal, und die Blätter erschauerten unter heftigen, trommelnden Regengüssen. Wenn die Wolken aufrissen und die Sonne sich in den Pfützen und den Tropfen auf den Blättern spiegelte, war es nicht ihre Wärme, sondern der Wind, der den Boden vor dem nächsten Schauer trocknete.

Das Braunellenweibchen entfernte sich nicht wieder vom Busch. Sie verschaffte sich die nötige Bewegung, indem sie durch die Zweige hüpfte und huschte. Gelegentlich flog sie auch auf die andere Seite des Stalls, um Samen zu suchen, doch diese kurzen Pausen, die sie stündlich einlegte und die nur Minuten dauerten, waren ihre einzige Erholung. Die übrige Zeit drückte sie sich auf die Eier und schützte sie vor der Kälte. Die dichten Zweige und Blätter über ihr boten – außer bei sehr heftigen Regenschauern – Schutz vor Nässe, hielten jedoch auch die wärmenden Sonnenstrahlen ab. Das stundenlange, unbewegliche Sitzen bewirkte, daß ihre Körpertemperatur sank: Schutz vor dem kalten Wind boten dann nur noch die Wände des Nestes. Außerdem versorgte das Männchen sie mit wärmender Nahrung, oft um den Preis, daß er selbst hungrig blieb, und so konnte sie wenigstens die Mindesttemperatur halten, die für das Ausbrüten des Geleges erforderlich war.

Am achten Bruttag befand sich das Kuckucksei, das vier Tage jünger war als die anderen, noch in den Anfangsstadien seiner Entwicklung. Der winzige Embryo hatte zwei Ausbuchtungen bekommen, aus denen sich Kopf und Körper entwickeln würden, und das Netz der Blutgefäße umspannte das gesamte Dotter, um das nahrhafte Protein aufzusaugen, doch der künftige Vogel war noch nicht zu erkennen. Die drei Braunelleneier waren schon viel weiter. Innerhalb der kleinen Schalen hatten sich die wichtigsten Teile der Glieder gebildet, und am Ende der Beinchen wuchsen sogar schon winzige Zehen. Alle wichtigen Organe waren bereits vorhanden, auch der Schnabel hatte Gestalt angenommen, und die Augen sahen wie schwarze Gallerte aus.

Die Verwandlung ging Stunde um Stunde weiter, und obwohl es sich um ein alltägliches Wunder handelte, das sich überall im Tal ereignete, nahm das Weibchen die Vibrationen des Lebens in den Eiern mit allen Sinnen wahr. Das Männchen kehrte oft aufgeregt aus der Außenwelt zurück, wenn er dem Weibchen Samen oder ein Insekt brachte, doch angesichts ihrer intensiven Konzentration beruhigte er sich. Wenn das Futter aus seinem Schnabel in den ihren hinüberwechselte, spürte auch er, daß sich hier ein Wunder vollzog.

Sonnenschein und Regenschauer wechselten nach wie vor in rascher Folge, und der stetige Wechsel von Formen und Farben bezauberte das regungslose Braunellenweibchen. Manchmal jagten die grauen Wolken so tief über den Hügel hinter Brook Cottage hinweg, daß sie die Feuchtigkeit der Nebelschleier aufzusaugen schienen, die nach dem Regen von den Bäumen aufstiegen. Dann zogen sie wieder ab, und breite Streifen strahlend blauen Himmels bildeten nun den Hintergrund für hoch dahintreibende weiße Wolken, die im hellen Sonnenschein leuchteten, während die frisch gewaschenen Blätter und Gräser im Wind zitterten und funkelten. Wenn der Regen niederprasselte, auf die Blätter der Pflaumenschlehe trommelte und einzelne Tropfen bis in die Mitte des Busches drangen, breitete das Weibchen die Flügel aus, um die Eier zu schützen und den Nestrand trocken zu halten. Bei solchen Gelegenheiten suchte auch das Männchen Zuflucht im Busch, stand neben dem Nest, beugte sich vor und deckte die noch ungeschützten Teile des Nestes ab. Doch sobald der Schauer vorbei war, oft sogar noch während die Tropfen durch die Blätter prasselten, flog er wieder auf Futtersuche hinaus.

Am elften Tag der langen Wache des Weibchens lösten sich die Wolken endgültig auf, und der Wind ließ nach. Die Sonne schien plötzlich heiß, wanderte langsam über den Himmel, wärmte die Erde und lockte alle Lebewesen aus ihren Verstecken, so daß am Abend bereits Wolken von Insekten im goldenen Licht tanzten. Als spürte der Embryo im Kuckucksei, daß er im Nachteil sein würde, wenn er zu spät schlüpfte, durchlief er seine Entwicklung im Eiltempo, blieb aber trotzdem dreieinhalb Tage hinter den Braunellenembryos zurück. Diese waren jetzt vollkommen ausgebildet und entnahmen in den letzten achtundvierzig Stunden vor dem Schlüpfen dem schrumpfenden Dotter die restlichen Nährstoffe, um ihr Wachstum zu vollenden. Am Abend des zwölften Tages spürte die Braunelle zum ersten Mal, wie das kleine Geschöpf sich darin bewegte, seine Stellung veränderte und eine bequemere Lage für seinen erwachenden Körper suchte. Eine Zeitlang nahm sie die Bewegungen nur in einem der Eier wahr, doch im Laufe der Nacht rührten sich auch die anderen beiden Küken und kratzten an den Schalen. Das Weibchen geriet in fieberhafte, erwartungsvolle Erregung und brach beim ersten Schimmer des Tages in erregte Rufe aus. Die endlose Wartezeit war vorbei – das neue Leben, das sie so geduldig behütet hatte, war im Begriff, hervorzukommen. Die Spannung übertrug sich auf das Männchen, und er begann unermüdlich Samen zum Nest zu tragen. Er riß ungestüm an den Pflanzen und kehrte oft mit ganzen Blumenköpfchen zurück – in seiner Eile ließ er sie nicht selten auch fallen. Zufällig befand er sich jedoch gerade beim Nest, als das fortgeschrittenste Küken im Ei zu rufen begann, und vernahm das feine Piepsen. Er blieb einen Augenblick verblüfft und beinahe entsetzt stehen, dann schoß er wild in die Welt hinaus, denn jetzt mußte er sich seiner Aufgabe mit doppeltem Eifer widmen.

Das Weibchen hatte erkannt, aus welchem Ei das Geräusch kam, hatte es an die Vorderseite des Nestes gerollt und zwitscherte jetzt aufmunternd. Sie klopfte sogar zweimal mit dem Schnabel an die Schale und forderte damit das Küken auf, mit der langen, mühsamen Arbeit anzufangen. Das Küken – ein Männchen – spürte das Pochen und fühlte die ferne Stimme, die es rief, mehr als es sie hörte. Der erste Kontakt mit dem Leben außerhalb seiner kleinen, beengten Welt regte es zu seiner ersten Instinkthandlung an. Die kräftigen, eigens dafür entwickelten Muskeln in seinem Nacken spannten sich, und es begann, an die Eischale zu pochen. Diese ungezielten Stöße zeitigten keinen Erfolg, doch als es sich umdrehte und dann weiterpochte, zerriß sein Schnabel die innere Membran an jener Stelle, an der sie sich von der Schale gelöst hatte, als das Ei ausgekühlt war. Es öffnete überrascht den Schnabel und sog die Luft ein, die genau für diesen Augenblick hier gespeichert worden war. Die Luft füllte seine Lunge, und nachdem es das köstliche Element kennengelernt hatte, das es dort draußen überall erwartete und von dem es nicht genug bekommen konnte, begann es wild auf die Schale einzuhacken.

Seine wartende Mutter sah, wie der erste dünne Riß in der Schale entstand, und vernahm das Zischen der eindringenden Luft. Kurze Zeit herrschte Stille, dann begann das Küken, durch die hereinströmende Frische berauscht, wieder zu pochen. Gezackte Risse überzogen die Schale, einen Augenblick später löste sich der erste Splitter, und die Braunelle sah kurz die Bewegung im Ei. Die Anstrengung hatte das Küken erschöpft, es nahm das helle Licht, das durch das Loch drang, durch die geschlossenen Augenlider als erschreckendes, rotes Leuchten wahr und sank keuchend im Ei zusammen.

Sobald es seine Kraft wiedererlangt hatte, richtete es sich auf und setzte seine Arbeit fort. Es hämmerte mit dem Schnabel gegen die Schale und stemmte die Bruchstücke mit dem stumpfen, hornigen Eizahn an der Spitze seines Schnabels weg. Als das Loch größer wurde, traf der relativ kalte Luftzug seinen nassen Körper, und es zitterte. Das Weibchen war jetzt überzeugt, daß das Schlüpfen gut voranging, hob sich ein wenig und setzte sich dann sanft auf das Ei, um es warm zu halten. Aus den anderen beiden Eiern kam immer noch das Geräusch von Bewegungen, doch nichts deutete darauf hin, daß die Küken Kontakt suchten oder daß das Schlüpfen kurz bevorstand. Bei dem großen Ei spürte sie, daß das Leben in ihm noch Tage brauchen würde, bis es in die Welt hinaustreten konnte, und das verwirrte sie.

Einige Stunden später schaffte das männliche Küken den Durchbruch, indem es sich vorbeugte, so daß der Rest der Eischale von ihm abfiel. Es wand sich nackt und vollkommen hilflos aus dem Ei und kuschelte sich an das warme Gefieder seiner Mutter. Während es langsam aus dem Ei gekrochen war, hatte es sich an die einstürmenden Eindrücke der Außenwelt teilweise gewöhnen können, doch die seltsamen, lauten Geräusche, das rauhe Nest an seiner Haut und das rote Leuchten, das ihm durch die geschlossenen Augenlider bis ins Gehirn drang, erfüllten es immer noch mit Schrecken und Verwirrung. Dann setzte der Hunger ein, der jedes andere Gefühl verdrängte. Es schob und wand sich unter dem Körper seiner Mutter hervor, spannte alle Kräfte an, streckte seinen kahlen Hals vor und sperrte bettelnd den Schnabel auf.

Das Männchen hatte Samen im und um das Nest verstreut, doch das Weibchen beachtete sie nicht, sondern flog fort, um etwas Besseres zu suchen. Als es zurückkehrte, saß das Männchen wieder im Busch und betrachtete von einem Zweig aus seinen immer noch bettelnden Sprößling. Der offene Schnabel und der dünne Hals mündeten in einem runzligen, rosa Körper, dessen Haut beinahe durchscheinend war, so daß man die inneren Organe als dunkle Schatten sah. Es war kein anziehender Anblick, und das Männchen war ratlos, weil das Weibchen verschwunden war. Dann kam sie mit einer kleinen Raupe im Schnabel geflogen. Er sah zu, wie sie auf dem Nestrand landete und dem Jungen das Futter in den Schlund stopfte.

Das Küken verschlang das Futter gierig, doch noch bevor dieses seinen Magen erreicht hatte, sperrte es den Schnabel schon wieder auf, piepste, streckte den Hals vor und bettelte um mehr; Futter, Futter, das einzige, was die Angst und das Unbehagen vertreiben konnte, die seinen zarten Körper seit dem Verlassen der Eischale quälten. Diese unersättliche Gier war die notwendige Voraussetzung für das rasche Wachstum, das sich im Lauf der nächsten Wochen vollziehen mußte, wenn das Vogelkind überleben sollte.

Im Lauf der nächsten Stunde kehrte das Männchen zwölfmal mit kleinen Insekten zurück und stopfte sie in den stets aufgerissenen Schnabel. Jedesmal, wenn sein Vater auf Futtersuche fortflog, sank das Küken in sich zusammen und döste unter dem warmen Körper seiner Mutter, die sich jetzt mit den Geräuschen und Bewegungen aus den anderen beiden Eiern beschäftigte. Das leise Piepsen, das aus einem von ihnen drang, verriet ihr, daß das Küken bald schlüpfen würde, doch sie spürte, daß das dritte erst am nächsten Tag soweit sein würde. Das dösende Küken beachtete weder die Bewegungen seiner Mutter noch die Rufe, mit denen sie auf die Töne aus dem Ei antwortete; doch jedesmal, wenn sein Vater landete und das Nest dabei leicht erschütterte, war es sofort hellwach. Es krabbelte und schob sich zum Rand der Mulde, streckte den Kopf vor und nahm die nächste Ration entgegen.

Sobald das Männchen dem Nestling das Futter in den Schlund gestopft hatte, beugte er sich vor, drängte den Kopf in das überfüllte Nest und suchte nach Bruchstücken der zerbrochenen Schale. Er hatte bereits zwei große Stücke fortgetragen und in einiger Entfernung vom Busch fallen gelassen, damit sie keine Räuber anlockten. Aber er holte pedantisch auch die kleinen Splitter heraus, denn es war wichtig, daß das Nest sauber blieb. Das war gar keine einfache Aufgabe, in dem Durcheinander von Eiern und Körpern, und jedesmal, wenn er mit einem winzigen Stückchen Schale auftauchte, forderte ihn der weit aufgesperrte Schnabel des Kükens eindringlich auf, schleunigst wieder auf Futtersuche zu gehen.

Das zweite Küken – ein Weibchen – begann am späten Nachmittag zu schlüpfen, und die Sonne war bereits untergegangen, als es damit fertig war. Jetzt ragten zwei gierig aufgesperrte Schnäbel aus dem Nest, die jämmerlich bettelnd piepsten, und in einer Stunde würde es dunkel sein. Das Weibchen wußte, daß das dritte Junge erst nach Sonnenaufgang schlüpfen würde, deshalb konnte sie jetzt dem Männchen helfen. Während er wieder nach Insekten suchte, säuberte sie das Nest von den zerbrochenen Schalen und fraß zwischendurch die Samen, die er gebracht hatte. Sie überzeugte sich davon, daß das Nest sauber war, verließ die beiden Küken, die sich wärmesuchend eng aneinanderschmiegten, und ging ebenfalls auf die Jagd.

Das Männchen streifte irgendwo auf dem Feld umher, aber sie konnte sich nicht dazu entschließen, sich so weit zu entfernen, deshalb blieb sie in der Nähe der Ställe und Scheunen und suchte abwechselnd auf dem Boden und auf dem Dach, ließ jedoch dabei den Busch nie aus den Augen. Dennoch gelang es ihr, innerhalb der nächsten Stunde ihren Jungen doppelt soviel Futter zu bringen wie das Männchen, das oft mit Insekten zurückkam, die für den Schlund der Jungen zu groß waren, so daß er sie schließlich selbst fraß.

Die wenigen Stunden Vorsprung, die das männliche Küken vor seiner Schwester hatte, machten sich bereits bemerkbar. Bei der leisesten Erschütterung des Nestes reagierte es als erstes, und sein ausgestreckter Hals mit dem weit aufgerissenen Schnabel bot sich den Eltern als Ziel an. Die Mutter war für sein Dominanzverhalten empfänglich und fütterte ihn, der Vater dagegen wartete oft absichtlich, bis sich das weibliche Küken aufgerichtet hatte, um diesem den Bissen zukommen zu lassen. Als das Weibchen und er gleichzeitig beim Nest eintrafen, geschah es zweimal, daß er das weibliche Küken fütterte und dann sah, daß sein bereits gesättigter Sohn das Futter gar nicht mehr schlucken konnte; er beugte sich vor, zog ihm das letzte Stück aus dem Hals und gab es der hungrigen Zweitgeborenen. Dennoch schlüpfte, als die Nacht die Altvögel an der weiteren Futtersuche hinderte, das männliche Küken mit vollem Bauch unter den warmen Körper seiner Mutter und schlief bald tief und fest, während seine immer noch hungrige Schwester nur unruhig döste.

Die durch die hektische Aktivität des Tages erschöpften Eltern fielen ebenfalls in tiefen Schlaf, aber es war nur eine kurze Nacht. Als noch die letzten Sterne auf dem heller werdenden Himmel schimmerten, begann das dritte Küken im Ei zu rufen. Die Mutter bewegte sich schlaftrunken, war jedoch hellwach, als der zweite Ruf ertönte. Sie stand auf, rollte das Ei an den Rand des Nestes und weckte damit die beiden Küken. Während sie das Ei zurechtschob, richteten sich die beiden auf, fielen um, richteten sich wieder auf und schrien aufgeregt vor Hunger. Das Männchen, das die Nacht auf einem Zweig neben dem Nest verbracht hatte, wurde durch ihr Piepsen geweckt, hatte keine Zeit, den neuen Tag zu begrüßen, sondern flog automatisch aus dem Busch und machte sich an seine Arbeit.

Die Nacht war kalt und feucht, und das Licht war noch nicht in alle Winkel gedrungen. Starker Tau war gefallen, und über dem Fluß lag Nebel. Die Schleiereule, die in ihrem Nest in einer der Darren von Forge Farm fünf Junge aufzog, kehrte mit einer Wühlmaus im Schnabel von der letzten Futtersuche zurück. Im Wohnzimmer von Little Ashden brannte Licht; Mary Lawrence konnte vor Schmerzen nicht schlafen und las ein Buch. Ein paar Schwalben jagten bereits die ersten Insekten oder die letzten Nachtfalter. Das Braunellenmännchen würde sich der Jagd bald anschließen müssen, obwohl er im Gegensatz zu den Schwalben die Insekten nicht im Flug fing, sondern geduldig Spalten und Büsche durchsuchte. Im Augenblick mußte er sich jedoch um seinen eigenen knurrenden Magen kümmern. Er landete in einem großen Grasbüschel, schüttelte dabei die Tautropfen von den Halmen und begann, an den Samen zu zupfen. Es war der einzige Augenblick des Tages, den er für sich hatte.

Die beiden Küken waren nach der Nacht außer sich vor Hunger, doch auch als sie halbwegs gesättigt waren, schrien sie weiter nach Futter. Dann, kurz nachdem die Sonne die Wipfel der Bäume auf den Felsen erreicht hatte, schlüpfte auch das dritte Junge. Es war wieder ein Weibchen, das von Anfang an kräftiger und aggressiver war als seine Schwester. Seine Ankunft verschärfte den Konkurrenzkampf um die

Nahrung, und von nun an herrschte im Nest ständiges Gezänk und Gepiepse, weil jedes der Jungen versuchte, die Aufmerksamkeit der Eltern auf sich zu lenken. Das Braunellenweibchen säuberte eine Zeitlang das Nest, mußte aber dann damit aufhören und dem Männchen helfen, die Ansprüche der tyrannischen Jungen zu befriedigen. Das männliche Junge, angestachelt durch die Rivalität seiner kräftigeren Schwester, setzte alle Kraft ein, die es seinem eintägigen Vorsprung verdankte, um seine Dominanz zu sichern. Es streckte sich höher, sperrte den Schnabel weiter auf und bettelte unermüdlich, so daß es weiterhin den Löwenanteil bekam, selbst wenn es im Augenblick gar nicht hungrig war. Der Selbsterhaltungstrieb in ihm zwang es, oben zu bleiben und auch den Kampf um das letzte Bröckchen Futter für sich zu entscheiden, denn nur so konnte es so stark werden, daß es auch in künftigen Kämpfen Sieger blieb.

Der Selbsterhaltungstrieb des dritten Kükens war genauso ausgeprägt, und obwohl es nur halb soviel Futter ergatterte wie sein kräftigerer Bruder, war das immer noch mehr als genug, um sein Überleben zu sichern. Nur wenn die beiden gefräßigen Küken für kurze Zeit erschöpft und gesättigt Ruhe gaben, konnte sich ihre schwächere Schwester aufrichten und mit schwachem Piepsen um Nahrung betteln. Sie bekam genug, um nicht zu verhungern, aber während die anderen beiden stündlich kräftiger und tüchtiger wurden, blieb sie nur am Leben. Die meiste Zeit hockte sie auf dem Boden des Nestes und war hauptsächlich damit beschäftigt, sich von ihren kräftigeren Geschwistern nicht erdrücken zu lassen.

Die Notlage des schwächsten Kükens beunruhigte das Männchen oft, wenn er mit einem frisch gefangenen Insekt im Schnabel auf dem Nestrand stand, doch er gab meist dem hartnäckigen Betteln der anderen beiden nach und stopfte ihnen das Futter in die zitternden Hälse. Einmal kehrte er mit einer ganzen Rispe Grassamen zurück und ließ sie in die Mulde fallen. Die Samen fielen dem schwachen Küken auf den Rücken, und es bewegte sich, bis sie herunterrollten. Dann suchte es blindlings nach ihnen, fand sie schließlich mit dem Schnabel und pickte versuchsweise an ihnen. Doch es war weder stark noch geschickt genug, die Schalen aufzubrechen, und verlor daher bald das Interesse daran.

Die Mutter zeigte nicht die geringste Sorge um den Schwächling, sondern fütterte immer nur den ersten Schnabel, der sich ihr entgegenreckte. Allerdings bereitete ihr das vierte Ei, das in der Mitte des Nestes lag, Sorgen. Sie empfand nicht das Bedürfnis, es weiter zu bebrüten – die Wärme der kleinen Körper, die sich um das Ei drängten, wenn die Mutter nicht im Nest war, genügte, und außerdem verbrachte sie ohnehin gut ein Viertel des Tages im Nest, um die Küken zu wärmen. Nein, was sie beunruhigte, war die Tatsache, daß noch kein Junges aus dem Ei geschlüpft war und es auch keinerlei Anzeichen dafür gab. Es lag wie ein toter Gegenstand inmitten des geschäftigen Treibens im Nest. Sie unterbrach die Fütterung manchmal für einen Augenblick und rief das Junge in dem Ei, bekam aber nie eine Antwort.

Sie hatte mit dem Brüten gewartet, bis das Gelege vollständig war, weil sie instinktiv wußte, daß die Jungen ungefähr gleichzeitig schlüpfen sollten. Daß dieses eine so spät kam, verstieß gegen alle Instinkte, die ihr Leben beherrschten. Wenn ihr etwas nicht geheuer war, mied sie es normalerweise. Nach und nach empfand sie das Ei als Bedrohung, und sein Vorhandensein störte sie. Zweimal war sie nahe daran gewesen, es aus dem Nest zu werfen, doch sie spürte, daß es lebte, und ihr Mutterinstinkt hinderte sie daran, dieses Leben zu zerstören.

So verlief ihr Dasein weiterhin im gleichen Rhythmus. Das Männchen verbrachte den Tag mit dem Herbeischaffen von Nahrung; das Weibchen säuberte das Nest, hielt die Jungen während der kühlen Stunden des Tages warm und half dem Männchen bei der Futtersuche. Die beiden kräftigeren Küken fraßen, dösten und wuchsen zusehends, während das schwächste sich nur mühsam ans Leben klammerte. Nachts schliefen sie alle erschöpft.

Eines Nachmittags, dreieinhalb Tage, nachdem das männliche Küken geschlüpft war, entstand in der Schale des Kuckuckseis ein unregelmäßiger Riß, der wie ein drohender Blitz aussah.

14

Der Kuckuck schlüpft aus dem Ei – Der Machtkampf – Zwei Opfer – Eine traurige Entdeckung

Liegt Gott mit der Natur denn stets im Streit,
Daß sie uns solche bösen Träume schenkt?
Sie scheint nur um die Art besorgt und denkt
Nicht an des Einzellebens Sicherheit.

Wenn darum ihre Werke ich betracht',
Um die verborg'ne Absicht zu versteh'n,
Werd' ich bei fünfzig Samenkörnern seh'n,
Daß oft nur eins zum Keimen sie gebracht ...

Alfred Lord Tennyson: *In Memoriam*

Der Kuckuck schlüpfte unheimlich schnell, hämmerte heftig auf die Schale ein und drängte mit solcher Kraft heraus, daß er, als das letzte Stück endlich abbrach, stolperte und aus dem Ei fiel. Noch blind und naß lag er keuchend neben dem schwächsten Braunellenküken. Dessen Geschwister hatten sich um den Neuankömmling nicht gekümmert, weil sie vollauf damit beschäftigt gewesen waren, um Futter zu betteln und einander wegzudrängen.

Der Muttervogel war beim Nest geblieben, hatte das Ausschlüpfen des Kuckucks beobachtet und gelegentlich aufmunternd gezwitschert, während er sich in die Welt kämpfte. Jetzt beugte sie sich vor und packte eine der Eihälften mit dem Schnabel. Dabei streifte ihr Kopf den Hals des Kuckucks; das kleine Geschöpf drehte sich angriffslustig um, und sein Schnabel traf sie genau über dem Auge. Die Braunelle fuhr überrascht zurück und betrachtete das Kuckucksbaby einen Augenblick lang erstaunt, bevor sie davonflog und die Eierschale am anderen Ende des Feldes fallen ließ.

Als sie die zweite Hälfte der Eierschale holen kam, lag der neugeborene Kuckuck unten in der Nestmulde, während die beiden Braunellennestlinge einander wegdrängten und um Futter bettelten; sogar ihre schwächere Schwester versuchte, die Aufmerksamkeit auf sich zu lenken. Doch als endlich die letzten Eischalen entfernt waren, hob der Kuckuck bereits den Kopf und öffnete futterheischend den Schnabel. Sein hochgereckter, knochiger Hals und der weit aufgesperrte Schnabel wirkten auf die Braunelle aus irgendeinem Grund noch unwiderstehlicher als das gewohnte Betteln der älteren Braunellennestlinge. Es wurde rasch finster, und sie hatte im Nest bleiben wollen, um die Sprößlinge vor der kühlen Nachtluft zu schützen, aber der hartnäckigen Aufforderung des Spätlings konnte sie nicht widerstehen. Sie flog in die Dämmerung hinaus und suchte im Hof der Farm nach Insekten.

Auch das Männchen spürte die Vorrangstellung des Kukkucks, als er mit einer kleinen Spinne im Schnabel zurückkehrte. Er schob seine schreienden, bettelnden Kinder zur Seite, denn etwas zwang ihn, sich zum Kuckuck hinunterzubeugen und ihn zu füttern. Er hatte die Jagd einstellen wollen, weil er im schlechten Licht kaum noch etwas sah, aber die Art, wie der Neuankömmling die Spinne verschlang und den Schnabel sofort wieder aufsperrte, war unwiderstehlich. Er hüpfte aus dem Busch und flog nochmals hinaus in die blaue Dämmerung.

Sobald er verschwunden war, verkrochen sich die drei aktiven Nestlinge in der Nestmulde. Die beiden kräftigeren Braunellenküken, die untertags erbitterte Konkurrenten waren, schmiegten sich eng aneinander, das eine legte den Kopf auf den Rücken des anderen, und sie schliefen sofort ein. Ihre schwächere Schwester dagegen hatte das Gefühl, daß sie jetzt in eine günstigere Position für die nächste Fütterung gelangen könnte, und krabbelte an den Rand des Nestes. Dabei streifte sie den Kuckuck, der sich sofort verkrampfte und sie wegschob, aber sie war so daran gewöhnt, von den anderen Nestlingen herumgeschubst zu werden, daß sie ihn gar nicht beachtete und weiterkrabbelte.

Der Kuckuck verhielt sich jedoch anders als ihre stärkeren Geschwister, deren Aggressionen sich darauf beschränkten, einander beim Kampf um das Futter wegzudrängen. Solange sie soviel Futter bekamen, wie sie brauchten, vertrugen sie sich relativ gut miteinander, der Kuckuck jedoch strebte die Alleinherrschaft an. Obwohl er noch keine zwei Stunden alt war, schob er sich zielstrebig hinter dem Wesen her, das ihn berührt hatte, und sein Killerinstinkt verlieh ihm ungeahnte Kräfte.

Das schwache Küken erreichte den Nestrand und stellte sich schwankend auf, um das Futter sofort fassen zu können. Es wollte den Schnabel unbedingt über den Nestrand heben und streckte seine dünnen Beinchen, soweit es ging, ohne darauf zu achten, daß der Kuckuck sich unter seinen Bürzel schob.

Der Kuckuck drängte sich weiter vor, bis der Körper des Kükens die empfindliche Vertiefung auf seinem Rücken berührte. Es streifte ihn nur, aber ihm war, als durchzuckte ein Stromstoß seinen Körper, der sich bei diesem Signal verkrampfte. Sein Hinterteil zuckte in die Höhe und riß der Braunelle die Füße weg, so daß sie rücklings auf dem Rücken des Kuckucks landete. Jetzt streckte dieser reflexartig die Beine nach hinten, bis seine kleinen Krallen im verflochtenen Nistmaterial Halt fanden, und schob sich, seine nackten Stummelflügel wie Ellbogen als Stütze verwendend, rückwärts an der Nestwand hoch.

Zuerst war die Braunelle zu überrascht gewesen, um sich zu wehren, doch als sie spürte, daß sie hochgehoben wurde, versuchte sie zu entkommen. Sie drehte sich nach links und nach rechts, konnte sich aber nicht auf den Bauch rollen, weil die Schulterblätter des Kuckucks sie in ihrer Lage festhielten. Sie versuchte den Kopf zu heben und sich aufzusetzen, aber dazu waren ihre Nackenmuskeln zu schwach. Sie konnte nur hilflos flattern, während sich der Kuckuck ruckweise näher an den Nestrand heranschob.

Die plötzliche, heftige Bewegung, die das Nest erschütterte, weckte die beiden anderen Braunellenjungen. Sie glaubten, ihre Eltern wären zurückgekehrt, und sperrten schreiend die Schnäbel auf. Während sie auf der einen Seite des Nestes übereinanderpurzelten, versuchte ihre Schwester am anderen Ende zum letzten Mal, dem Verhängnis zu entgehen. Noch einmal versuchte sie sich aufzurichten, doch die schwachen Nackenmuskeln konnten ihre Schultern nur ein wenig hochheben. Durch ihre Anstrengungen erleichterte sie dem Kuckuck seine Aufgabe sogar, denn jetzt hatte sein Hinterteil den Nestrand erreicht; er mußte seine Flügelstummel nur noch etwas höher heben und den Rücken aufrichten, damit seine Last hinunterglitt. Er spannte die Muskeln an, das Gewicht der Braunelle verlagerte sich, und als der Druck auf seinen Rücken nachließ, ruckte er so heftig in die Höhe, daß die Braunelle von seinem Rücken geschleudert wurde.

Die beiden Vögel stürzten gleichzeitig – der Kuckuck zurück in das weichgepolsterte Nest, und die Braunelle durch die Zweige des Busches auf den nackten Boden neben dem Stamm. Sie schlug mit dem Kopf voran auf, und das Gewicht ihres Körpers brach ihr den Hals.

Als einige Minuten später erst das Männchen und dann das Weibchen zurückkehrten, war der Kuckuck zu erschöpft, um das Futter entgegenzunehmen, und auch die Nestlinge waren wieder eingeschlafen. Die Eltern hielten ihnen das Futter einige Augenblicke lang hin, dann fraßen sie es selbst. In der Dunkelheit konnten sie nicht weiter jagen, deshalb setzte sich das Männchen auf den Zweig neben dem Nest, zog die Schultern hoch und schlief ein, während sich das Weibchen vorsichtig auf der Mulde niederließ und die Flügel leicht ausbreitete, um die Jungen vor Kälte und Tau zu schützen. Einen Augenblick später erhob sie sich verwirrt wieder, weil ihr der gewohnte Druck des großen Eis abging. Dann spürte sie die drei Körper, die sich unter ihr bewegten, und setzte sich beruhigt und befriedigt wieder zurecht.

Der Fuchs schnürte in das Tal hinunter, lief über die Brücke, dann die Zufahrt hinauf und bewegte sich auf so leisen Sohlen, daß der Kies unter seinen Pfoten kaum knirschte. Von seinem gewohnten Weg abweichend, wandte er sich nach links, überquerte das Feld, kroch unter dem Zaun hindurch und gelangte zu den Birken unterhalb der Felsen. Mit geblähten Nüstern schnupperte er an der Fährte, die ein großer Dachsbär vor kurzem hinterlassen hatte. Als er den Kopf hob und die Ohren spitzte, hörte er, wie der alte Dachs am Fuß der Felsen nach Schnecken wühlte.

Der Fuchs lauschte den Geräuschen, an denen er genau erkennen konnte, wie sich der große Körper des Dachses schwankend und plattfüßig durch das Gebüsch arbeitete, wobei sich gelegentlich eine Dornenranke in dem dichten, rauhen Fell verhängte und laut raschelnd zurückschnellte, wenn der Dachs sich losriß. Der polternde alte Isegrimm hatte bestimmt alle kleineren Nagetiere dort oben verscheucht, doch der Lärm, den er machte, würde vielleicht die weiter unten lebenden Tiere ablenken, deshalb begann der Fuchs, in Erwartung einer leichten Beute, den Pfad entlangzutraben.

Er fand jedoch nichts als eine gegnerische Duftspur an der Stelle, wo die Schleiereule, die in der Darre lebte, ein Wiesel angegriffen hatte. Dann witterte er an der verwilderten Hekke, die den Garten von Forge Farm begrenzte, eine Kaninchenfährte. Die Fährte war kalt, aber er folgte ihr dennoch, mehr aus Neugierde als aus Hoffnung auf Beute. Die Hecke entlang, unter einem Zaun hindurch, durch den schmalen Durchgang zwischen der Seitenwand des Farmhauses und dem rauhen Beton der Garage, über die Durchfahrt, wo der intensive, süßliche Geruch der Kuhfladen alle anderen Gerüche überlagerte, und von dort auf das Feld hinter den Scheunen. Hier begann sich die Duftspur des Kaninchens, dem er folgte, mit jenen vieler anderer Kaninchen zu vermischen, die hier das Gras zu einem Pfad zusammengetreten hatten. Von dieser Stelle aus zog sich der Kaninchengeruch in beide Richtungen, und er wußte, daß er sein ursprüngliches Beutetier nicht finden würde. Doch das machte nichts, denn bei den Scheunen gab es gewöhnlich Mäuse oder Ratten. Er schlich sich in den tiefen Schatten des Stalls, blieb stehen und schnupperte an der Pflaumenschlehe.

Das Braunellenmännchen, dem selbst im Schlaf sein unsicherer Halt auf dem Zweig bewußt war, erwachte als erster, als der Busch schwankte. Einen Augenblick später schreckte auch das Weibchen auf. Die Angst war stärker als ihr Instinkt, sich still zu verhalten, und als das große Tier unter ihr sich wieder bewegte und dabei den ganzen Busch erschütterte, zwitscherte und kreischte sie vor Angst. Das Männchen hatte sich nicht gerührt, um nicht entdeckt zu werden, aber jetzt blieb ihm nichts anderes mehr übrig, als die Aufmerksamkeit des Fuchses vom Nest abzulenken. Er stieß seinen schrillen Warnruf aus, flog aus dem Busch und machte dabei soviel Lärm wie möglich. Sobald er fort war, duckte sich das Weibchen in das Nest, um die Küken still zu halten.

Diesmal war die Tapferkeit des Männchens unnötig. Der Fuchs hatte das Weibchen gehört, doch nachdem er den kleinen Körper des Nestlings, den er gewittert hatte, gefunden und mit einem einzigen Biß verschlungen hatte, wollte er seine Zeit nicht mit einem Abenteuer vergeuden, bei dem bestimmt keine reichliche Mahlzeit zu holen war. Es lockte ihn keineswegs, auf der Jagd nach einem kleinen Vogel einen Dornenbusch hinaufzuklettern, deshalb trollte er sich wieder und trottete am Stall entlang davon.

Das Männchen stand auf dem Scheunendach und sah, wie der Fuchs über eine mondbeschienene Stelle zwischen der Darre und der Zufahrt glitt und im Schatten der Bäume verschwand, die den Weg am Fuß der Felsen säumten. Er stieß ein paar leise, glucksende Laute aus, um dem Weibchen mitzuteilen, daß die Gefahr vorüber war, und ließ sich dann in die Dunkelheit hinabfallen. Erst im letzten Augenblick sah er die obersten Zweige, stellte die Flügel schräg, streckte hoffnungsvoll die Beine vor und bekam zum Glück einen kräftigen Zweig zu fassen, was ihn davor bewahrte, hilflos durch den Busch zu stürzen. Von hier hüpfte er vorsichtig zum Nest und wurde von dem Weibchen mit einem beinahe unhörbaren, erleichterten Glucksen begrüßt.

Unter dem warmen schützenden Körper des Weibchens hatten die Nestlinge nichts von der Gefahr und der Aufregung bemerkt und ruhig weitergeschlafen, aber die Altvögel waren so nachdrücklich auf die drohenden Gefahren aufmerksam gemacht worden, daß sie nur noch unruhig dösten. Wenn jetzt eine Maus raschelnd über einen Balken der Scheune lief oder die Blätter im Wind rauschten, rissen sie sogleich die Augen auf und versuchten angstvoll, die Finsternis zu durchdringen.

Endlich brach der Tag an; das trübe, graue Licht wurde allmählich heller, doch aus der tiefhängenden Wolkenschicht, die die Gipfel der höheren Hügel zu verschlucken drohte, fiel ein feiner Nieselregen, der Licht, Geräusche und Lebensfreude dämpfte. Die erschöpften Braunellen jagten den ganzen Tag pflichtbewußt und verdrossen, durchnäßt von den Tropfen, die von den Blättern fielen, während sie am Fuß der Hecken und Büsche nach Insekten suchten, die die feuchte Kälte in ihre Verstecke getrieben hatte.

Das spärliche Futter führte bei den Nestlingen zu fieberhafter Ungeduld, und sie kämpften kreischend und verzweifelt um jeden Happen. Obwohl der Kuckuck noch so jung und verhältnismäßig unterentwickelt war, gelang es ihm wieder, den Altvögeln den größten Teil des Futters abzuschmeicheln. Er schien dafür einen sechsten Sinn zu haben, denn einen Sekundenbruchteil, bevor ein Elternvogel landete, nahm er piepsend die günstigste Stellung im Nest ein. Oft stopften die beiden Eltern die Nahrung in den wartenden Schlund und flogen wieder fort, noch ehe die beiden Braunellenküken sich aufgerichtet hatten. Das fiel dem männlichen Küken auf, das nun begann, auf die erste Bewegung des Kuckucks zu reagieren, statt auf den Ruck zu warten, den die Landung eines Elternteils hervorrief. Trotzdem, und obwohl seine Augen halb offen waren und zarter Flaum seinen Körper bedeckte, ergatterte er noch immer weniger Futter als der blinde, dürre, nackte Kuckuck.

Das weibliche Braunellenküken war rasch auf den Platz verwiesen worden, den seine tote Schwester eingenommen hatte. Es bekam nur dann etwas zu fressen, wenn reichlich Nahrung vorhanden war und seine Rivalen so satt waren, daß sie sich nicht darum stritten. War das Futter jedoch knapp, wie zum Beispiel heute, so kämpften sie um jeden Bissen, und das weibliche Küken ging leer aus. Der Teufelskreis, in dem die Schwachen immer schwächer werden, hatte sich bereits zu drehen begonnen, und es wäre langsam verhungert, hätte sich im Nest nicht ein Henker befunden, der entschlossen war, es so rasch wie möglich ins Jenseits zu befördern.

Am Vormittag konzentrierte sich der Kuckuck darauf, möglichst viel Futter zu ergattern und seine Kräfte aufzubauen, doch am frühen Nachmittag war sein Magen soweit gefüllt, daß er einem anderen Trieb folgen konnte. Er wußte, daß im Nest noch zwei Konkurrenten saßen, und spürte genau, daß der eine schwächer war als der andere. Der aktivere von beiden stellte zwar die größere Bedrohung im Kampf um das Futter dar, aber der Kuckuck war noch nicht stark genug, um ihn aus dem Nest zu werfen, also konzentrierte er sich auf das schwächere Weibchen. Kaum hatten die Altvögel das Nest verlassen, jagte er das weibliche Küken, verfolgte es unbarmherzig, stieß und peckte es, wenn es sich hinlegte, und versuchte es in eine ungeschützte Stellung zu drängen, wenn es aufstand.

Sobald ein Elternteil zurückkehrte, ließ der Kuckuck von seinem Opfer ab – aber nur, weil er um das Futter kämpfen mußte, und bestimmt nicht, weil er seine Mordabsichten geheimhalten wollte. Der Drang, seine Rivalen zu vernichten, war in ihm von Natur aus genauso stark ausgeprägt wie der Drang zu fressen; er kannte kein Schuldbewußtsein und wollte niemanden hinters Licht führen. Es war auch gar nicht notwendig, daß er heimlich vorging, denn die Eltern waren nicht fähig, die Gefahr zu erfassen. Wäre der Kuckuck eine Ratte, eine Schlange, ein erwachsener Vogel oder ein anderes der zahlreichen Tiere gewesen, die sie fürchteten, hätten sie bis zur Selbstaufgabe gekämpft, um ihre Jungen zu beschützen. Der Kuckuck aber war für sie nur ein weiterer Nestling. Selbst wenn sie bei ihrer Rückkehr manchmal sahen, daß er sich an der Nestwand hinaufschob und das Braunellenküken vor Angst kreischend auf seinem Rücken saß, waren sie weder beunruhigt, noch hinderten sie den Kuckuck daran. Ihre Rückkehr rettete das Braunellenküken einige Male, denn die Gier des Kuckucks war so groß, daß er alles andere sofort vergaß und um Futter bettelte.

Deshalb konnte der Braunellennestling die Katastrophe noch drei Stunden lang abwenden – sei es durch einen Zufall, sei es, weil es ihm gelang, aus der Vertiefung auf dem Rücken des Kuckucks zu entkommen. Zuerst war das Küken nur verärgert gewesen, als der Kuckuck hinter ihm her durch das Nest getorkelt war, sich unter seinen Bauch geschoben und es umgeworfen hatte, aber der Ärger hatte sich bald in Angst verwandelt. An diesem Morgen hatten sich seine Augen zu öffnen begonnen, und durch die schmalen Schlitze nahm es den Kuckuck als weißen Klotz wahr. Manchmal richtete sich dieser Klotz auf und nahm sein ganzes Gesichtsfeld ein, dann verschwand er wieder in die Tiefe. Das Küken hatte seine Augen noch nicht so weit in der Gewalt, daß es den Bewegungen des Kuckucks folgen konnte, aber sie machten ihm angst, denn es begriff, daß sie immer das Vorspiel zu einem Angriff waren. Solange es blind gewesen war, hatte es nicht gemerkt, wie oft es beim Kampf um die Nahrung gestürzt war, aber jetzt konnte es sehen, und ihm schwindelte.

Die ständigen Angriffe zermürbten das Braunellenküken, und als das Entsetzen ein unerträgliches Maß erreichte, hörte es auf, auszuweichen und sich zu wehren. Ganz gleich, wie oft und wie laut es um Hilfe schrie, niemand kam. Ganz gleich, wie rasch es sich in dem engen Nest bewegte, es konnte sich nie so weit von dem zuckenden, gleitenden, weißen Wesen entfernen, daß es sich eine Sekunde lang entspannen konnte. Ganz gleich, wie heftig es mit den nackten Flügeln schlug, es konnte sich nicht in die Luft erheben und so der Gefahr entgehen, wie sein Instinkt ihm riet. Schließlich brach die erbarmungslose Jagd seine Widerstandskraft. Es erschlaffte – nicht, weil es physisch ermattet war, sondern weil der übermächtige Gegner seinen Lebenswillen gebrochen hatte. Betäubt durch die unbarmherzige Verfolgung und verwirrt durch die Eindrücke, die seine Sinne überfluteten, ergab es sich in die Rolle des Opfers.

Der schiere Selbsterhaltungstrieb ließ es noch zweimal im letzten Augenblick vom Rücken des Kuckucks hinunterklettern. Doch dann fühlte es sich wieder auf den Rand des Nestes gehoben und starrte wie hypnotisiert in die Tiefe. Es wehrte sich noch mit schwachen Strampelbewegungen, aber es hatte die Hoffnung aufgegeben.

Von der anderen Seite des Nestes aus sah das männliche Küken zu, wie seine Schwester auf den Rücken des Kuckucks gehievt wurde, der sie bis über den Nestrand stemmte, dann die Beine beugte und seinen Oberkörper ruckartig aufrichtete. Sie glitt über den Rücken des Kuckucks, wurde dann durch seine rasche, plötzliche Bewegung in die Luft geschleudert und verschwand in der Tiefe. Ihr Bruder empfand es nicht als Verlust, doch als der Kuckuck vom Nestrand zurücktorkelte und auf ihn zurollte, bekam er es mit der Angst zu tun. Seine Augen waren noch nicht ganz offen, doch er hatte genug gesehen, um sich der Gefahr bewußt zu sein. Obwohl der Kuckuck jetzt erschöpft und scheinbar harmlos keuchend im Nest lag, war er unbarmherzig und gefährlich, und das Braunellenküken ahnte, daß er erst Ruhe geben würde, wenn er der einzige Insasse des Nestes war.

Das weibliche Küken war zwar unweigerlich zum Tod verurteilt, doch es war noch am Leben. Kleine Zweige und Äste hatten seinen Absturz gebremst, es war mehr durch den Busch getaumelt als gefallen. Sogar der letzte Sturz von dem untersten Ast war dadurch gemildert worden, daß es in einem dichten, weichen Grasbüschel gelandet war. Es bekam einen Augenblick lang keine Luft, begann jedoch bald, sich zu winden und sich zum hellen Licht hinzuschieben, in der verzweifelten Hoffnung, dort Sicherheit zu finden.

Seine Beine machten unwillkürliche Krabbelbewegungen, und seine Füße glitten gelegentlich aus oder verhängten sich im Gras. Wenn sie sich verfingen, warf der Ruck das Küken nach vorn, und es fiel auf das scharfkantige Brustbein oder auf seinen weichen, runden Bauch. Jedesmal blieb es danach eine oder zwei Minuten liegen, unfähig, den Kopf zu heben. Wenn es ihm dann endlich gelang, seine Nackenmuskeln wieder anzuspannen, bewegte sich das Küken weiter auf das Licht zu, und seine Beine suchten rudernd nach irgendeinem Halt.

Das Licht, dem es zustrebte, war ein Stückchen Außenwelt, umrahmt von einem Bogen aus Zweigen und Blättern, die bis zum Boden herabhingen. Das Küken war nur wenige Zentimeter vor diesem kurzen Tunnel auf dem Boden gelandet, aber für die Reise dorthin und durch ihn hindurch brauchte es eine qualvolle halbe Stunde. Als es das Ende des Tunnels erreichte und außerhalb des schützenden Busches zusammenbrach, wurde es von einem kalten Wind empfangen, der feinen Nieselregen auf seinen staubigen, zerkratzten Körper wehte. Es war am Ende seiner Kräfte und brachte nur noch ein schwaches Piepsen hervor.

Beide Eltern kehrten zweimal zum Nest zurück, ohne seine Abwesenheit zu bemerken, weil sie zu sehr damit beschäftigt waren, den nächsten Schnabel zu stopfen – in drei von vier Fällen war es der des Kuckucks –, um dann sogleich wieder fortzufliegen und weiter nach Maden, Käfern und Spinnen zu suchen, die sich tiefer denn je verkrochen hatten. Schließlich drang jedoch einer der schwachen, piepsenden Hilferufe an das Ohr der Mutter. Sie legte den Kopf schief und folgte dem Laut von Ast zu Ast bis dorthin, wo er herkam.

Sobald sie den Nestling erblickte, der einsam auf dem Boden lag, sagte ihr der Instinkt, daß sie ihn zuallererst in die Deckung des Busches zurückholen mußte. Hier draußen lauerten Dutzende Feinde auf das winzige Wesen, und es war eine leichte Beute für hungrige Räuber. Die Braunelle blieb in der Deckung des Busches stehen und versuchte zuerst mit Lockrufen, dann mit scharfen Befehlen, den Nestling zu sich zu locken. Die Hilfe und Sicherheit verheißende Gegenwart der Mutter verlieh dem Küken die Kraft, den Kopf zu heben, aber es konnte sich nicht weiterschleppen. Darauf wurden die Rufe der Mutter immer lauter und drängender, bis sie in ein verzweifeltes Zwitschern übergingen.

In diesem Augenblick kehrte das Männchen zum Busch zurück, vernahm das Geschrei und flog zu ihr hinunter. Er war so tief in der täglichen Routine verfangen, daß er zunächst versuchte, den Nestling zu füttern, und ihm die Spinne, die er mitgebracht hatte, in den geschlossenen Schnabel stopfen wollte. Daß das Küken nicht darauf reagierte, stand in so krassem Gegensatz zu dem üblichen Kampf um die Nahrung, daß auch das Männchen durcheinander geriet. Genau wie das Weibchen hüpfte er immer wieder vom Boden auf den Zweig und wieder zurück und zwitscherte in hilfloser Verzweiflung.

Das Braunellenküken versuchte den Ermahnungen und Aufforderungen seiner Eltern Folge zu leisten und strampelte so lange, bis es nicht mehr konnte. Ganz gleich, wie laut seine Eltern riefen, ganz gleich, wie sehr es sich danach sehnte, ihnen zu folgen – nun konnte es einfach die Augen nicht mehr offen halten. Es lag zusammengesunken auf dem Boden, und bis auf ein gelegentliches Zucken, wenn sein ermatteter Körper versuchte, sich zu erheben, war das flache, ungleichmäßige Heben und Senken seines Brustkorbs, wenn sich seine Lunge mit Luft füllte und wieder leerte, das einzige Lebenszeichen, das es noch von sich gab.

Seine Eltern lockten es weiter, bis ein lautes, forderndes Piepsen aus dem Nest sie daran erinnerte, daß sie noch andere hungrige Schnäbel zu füttern hatten. Beide flogen sofort auf und stoben in verschiedene Richtungen davon, um nach Futter zu suchen, offenkundig erleichtert, daß sie nun wieder für das kräftige Leben im Nest sorgen konnten, statt hilflos einem langsamen Sterben zuschauen zu müssen.

Das Weibchen besuchte das Küken jedoch jedesmal, wenn sie zum Busch zurückkehrte, obwohl es sich nun gar nicht mehr rührte, wenn sie aufmunternd rief. Bei einem dieser Besuche sah sie einen Häher auf dem Rand des Scheunendachs sitzen. An den Absichten des großen Vogels konnte kein Zweifel bestehen, und sofort ließ sie das Futter fallen, das sie im Schnabel trug, und griff ein. Sie flog dicht am Häher vorbei, kreischte aufgeregt und senkte die Schwanzfedern, um ihn zu einem Angriff zu provozieren. Der Häher dachte jedoch nicht daran, sich auf eine Scheinjagd einzulassen, deshalb kehrte die Braunelle zurück, schoß wieder knapp an dem großen Vogel vorbei und über das Dach davon. Diesmal kreischte der Häher laut und warnend, starrte aber weiterhin unverwandt auf die zusammengesunkene kleine Gestalt am Boden. Er spürte, daß das kleine Geschöpf noch lebte, obwohl der Tod schon neben ihm stand, um auch den letzten Lebensfunken auszublasen.

Als die Braunelle wild zwitschernd ein drittes Mal an ihm vorbeiflog, breitete er die Flügel aus und glitt hinunter. Er landete in der Nähe des Nestlings, sah sich rasch um, um sich zu vergewissern, daß ihm keine Gefahr drohte, und hüpfte dann zu dem kleinen Vogel. Als er sich vorbeugte, um nach dem schlaffen Körper zu hacken, unternahm die Braunelle den letzten Rettungsversuch und landete genau neben dem Nestling. Direkt über sich sah sie die Spitze des gewaltigen Schnabels und darüber den schwarz-weißen Schopf des Hähers. Er war beinahe dreimal so groß wie sie, und seine blauen Augen, die herrisch auf sie herabblickten, erfüllten sie mit Grauen. Eisig und unerbittlich blitzten sie aus dem warmen, rosabraunen Gefieder seines Kopfes hervor, und ihre glasige Kälte ließ die Braunelle erstarren.

Der Häher hob die Flügel, und das Blau seiner Deckfedern leuchtete noch heller als seine Augen. Er war herrlich anzusehen; seine Farbenpracht, seine Größe und seine Kraft waren imponierend, doch sie unterdrückte den Drang, vor seiner Schönheit und seiner bedrohlichen Übermacht zurückzuweichen. Statt dessen kehrte sie ihm den Rücken zu, ließ einen Flügel hängen, als wäre er schwer verletzt, und hinkte davon, um den Häher zu verleiten, sich auf die verwundete, hilflose Beute zu stürzen. Der Häher durchschaute ihr Täuschungsmanöver jedoch, beugte sich vor und packte den nackten Hals des tatsächlich hilflosen Nestlings mit dem Schnabel. Als er sich aufrichtete und aufflog, zuckte der Nestling noch einmal und starb. Der Häher flog direkt über die Braunelle hinweg, stieg rasch höher und kehrte zu seinem Nest zurück.

Die Braunelle versuchte ihn zu verfolgen, aber als sie die Höhe des Scheunendachs erreichte, war der Häher schon so weit von ihr entfernt, daß sie ihn nicht mehr einholen konnte. Sie landete auf dem Dachfirst und sah zu, wie sein weißer Bürzel immer kleiner wurde und zwischen den Bäumen am Fuß des Felsens verschwand.

Daniel saß auf einem zur Hälfte in der Erde versunkenen Stein unterhalb der höchsten Felswand und beobachtete, wie der Häher auf dem Ast einer Eibe landete. Im nächsten Augenblick verschwand er zwischen den dunkelgrünen Nadeln, und Daniel bemerkte gerade noch, daß der Vogel etwas im Schnabel hielt. Die Sonne ging unter, es wurde kühl, und es war Zeit für ihn, nach Hause zu gehen.

Als Kind hatte er immer gern zwischen den Felsen gespielt, und seit er wieder soviel besser gehen konnte, kam er jeden Tag hierher. Es würde natürlich noch einige Zeit dauern, bis er auch die glatten Sandsteinwände wieder hinaufklettern konnte, aber schon der Spaziergang hier herauf, wo er manchmal eine der weniger steilen Wasserrinnen erklomm und sich auf den Felsen setzte, gab ihm das Gefühl, etwas geleistet zu haben. Und je öfter er in dem Tal herumwanderte, desto stärker spürte er, daß hier seine Wurzeln lagen. Was immer ihm sonst noch bevorstehen mochte, er wollte auf jeden Fall hierher zurückkehren und hier leben.

Als er in die Zufahrt einbog, traf er Theo Lawrence, der aus dem Hof von Forge Farm kam. Daniel zwang sich, den Schritt zu beschleunigen, als sie zusammen nach Little Ashden gingen. Sein Bein schmerzte zwar, aber er wollte nicht, daß jemand aus Rücksicht auf ihn langsamer gehen mußte. Auch nachdem sie sich am Tor von Little Ashden getrennt hatten, behielt er sein Tempo bei, falls Theo ihm vom Garten aus nachsah.

Theo schaute auf die Uhr, als er die Eingangstür aufsperrte. Es war wieder spät geworden. Er mußte sich wirklich ernsthaft bemühen, rechtzeitig zum Tee zu Hause zu sein, aber es war jetzt so viel zu tun, seit Jim die neuen Kälber gekauft hatte. Er öffnete die Tür und begrüßte Mary wie üblich mit einem lauten Hallo. Keine Antwort. Als er feststellte, daß sie nicht im Vorderzimmer war, rief er noch einmal, und dann ein drittes Mal, als er zur Küche ging. Stille.

Aus dem Backrohr drang Rauch, und als er es öffnete, quoll ihm eine dichte Qualmwolke entgegen; der Kuchen war bereits verkohlt. Er schaltete das Radio ab und trat ans Fenster. Er wollte es gerade aufreißen, um zu lüften, da sah er den großen, nassen Fleck an der Decke. Er rannte durch den Vorraum und die Treppe hoch. Unter der Badezimmertür floß Wasser heraus. Er griff nach der Klinke und stieß die Tür auf. Die Badewanne rann über, und Mary lag reglos auf dem Boden.

15

Rivalität im Nest – Das Braunellenmännchen geht auf die Jagd – Der Angler – Ein Zusammenstoß – Eine Krähe findet Futter – Daniel verläßt Brook Cottage

Auch wenn du hundert Knoten knüpfst – es bleibt die eine Schnur.

Jalaluddin Rumi

Der Kuckuck entwickelte sich schnell – einerseits, weil er nahezu drei Viertel des Futters bekam, und andererseits, weil sein Stoffwechsel darauf programmiert war, daß er doppelt so schnell zunahm und wuchs wie seine Rivalen im Nest. Wenn alles gutging, würde er mit drei Wochen fünfzigmal soviel wiegen wie bei der Geburt. Schon am dritten Tag seines Lebens hatte er beinahe das Gewicht des einzigen noch verbliebenen Braunellennestlings erreicht, obwohl dieser bereits sechseinhalb Tage alt war. In jeder anderen Beziehung war das Braunellenküken jedoch wesentlich reifer, und dieser Tatsache verdankte der Jungvogel, daß er noch am Leben war. Seine Augen waren ganz geöffnet, und aus dem weichen Flaum, der jetzt seinen ganzen Körper bedeckte, sprossen die Kiele der ersten richtigen Federn hervor. Er hatte auch allmählich gelernt, sich im Gleichgewicht zu halten, und konnte schon recht geschickt im Nest umherhüpfen.

Der Kuckuck hingegen war trotz seiner Größe noch blind und fast nackt, nur an Rücken und Hals begann der erste Flaum zu sprießen. Er bewegte sich immer noch ruckweise und schwankend und konnte es in bezug auf Beweglichkeit und Geschicklichkeit nicht mit dem Braunellenküken aufnehmen. Dieses war dennoch auf der Hut, denn der Kukkuck war zwar nicht schnell, aber hartnäckig.

An dem Tag, an dem der Kuckuck das zweite Braunellenjunge aus dem Nest geworfen hatte, wäre es dem letzten Küken um ein Haar genauso ergangen. Die Unbarmherzigkeit des Kuckucks wirkte beinahe hypnotisch, so daß es sich zunächst nicht gewehrt hatte, als es auf den Rücken des Kuckucks geschoben wurde; erst im letzten Augenblick hatte der Selbstschutzmechanismus eingesetzt, und es war gerade noch rechtzeitig hinuntergeklettert. Seither nützte es den Vorteil, daß es sah und schneller war, aus, um dem Kuckuck zu entgehen. In dem engen Nest konnte es jedoch nicht sehr weit von ihm abrücken, und nach jeder erfolgreichen Flucht war ihm nur eine kurze Atempause vergönnt, bis der Kuckuck wieder hinter ihm herschwankte und -flatterte. Selbst wenn es sich wehrte und wild auf den Kopf oder Rücken des Kuckucks einhackte, konnte es den Feind nie lange außer Gefecht setzen. Sobald der Schmerz nachließ, griff der Kuckuck wieder an.

Je länger das Braunellenküken diesen ständigen Spannungen und Belastungen jedoch standhielt, desto größer wurden seine Überlebenschancen. Es gelang ihm immer besser, den Angriffen des Kuckucks auszuweichen, und dieser gewöhnte sich allmählich an seine Gegenwart. Die Altvögel sorgten dafür, daß der Kuckuck immer satt war, deshalb hatte sich sein erbitterter Drang, Alleinherrscher im Nest zu sein, in harmlosen Ärger darüber verwandelt, daß sich ein Geschöpf in seiner Nähe aufhielt. Dieser Ärger führte zwar dazu, daß der Kuckuck das Braunellenküken immer noch verfolgte, doch er war zu träge, um es mit einer neuen Methode zu versuchen oder sein Opfer zu überlisten. Andererseits wußte das Küken, daß es um sein Leben ging, deshalb erfand es immer neue Taktiken, um dem Kuckuck zu entkommen: Es floh auf den Rand des Nestes und kletterte um den Kuckuck herum oder blieb regungslos stehen, wenn der Kuckuck nicht mehr wußte, wo es sich befand. Einmal wagte es sogar, auf den Kuckuck zu klettern, über seinen Rücken bis zum Kopf zu laufen und dann vor ihm hinunterzuspringen. Allmählich erkannte das Küken nämlich, daß der sicherste Platz der direkt vor dem Gesicht des Kuckucks war, während der zuckende Schwanz und die empfindliche Vertiefung am Rücken die größte Bedrohung darstellten.

Die Eltern nahmen diesen Existenzkampf überhaupt nicht wahr. Wenn sie mit Futter zum Nest zurückkehrten, erlebten sie nur das übliche Gezanke zweier ständig hungriger Jungvögel und merkten nichts von den feindseligen Absichten des jungen Kuckucks. Das Männchen war in dieser Hinsicht etwas sensibler – die »Fremdartigkeit« des Kukkucks bereitete ihm ein leises Unbehagen. Gelegentlich widerstand er seinem hartnäckigen Betteln und fütterte den eigenen Sprößling. Das Weibchen hingegen machte keinen Unterschied, sondern fütterte einfach den nächsten Schnabel, der fast immer der des Kuckucks war.

Die Tage der Altvögel waren mit Nahrungssuche und Füttern ausgefüllt. Bei gutem Wetter, wenn reichlich Nahrung vorhanden war, flogen sie bis zu dreißig Mal in der Stunde zwischen Jagdgrund und Nest hin und her. Wenn es schwieriger war, Nahrung aufzutreiben, kamen sie seltener, strengten sich dafür aber noch mehr an, denn sie mußten größere Strecken zurücklegen und intensiver suchen. Da die Tage länger wurden, blieben sie abends länger aus, um auch noch den letzten Lichtschein auszunützen, und morgens waren sie bereits unterwegs, bevor der Himmel ganz hell war. Ihre Körper wurden bis an die Grenze ihrer Leistungsfähigkeit belastet, und während der kurzen Nächte sanken sie in bleiernen Schlaf.

Als das Braunellenmännchen am siebenten Lebenstag des Kuckucks erwachte, lag ein schieferblaues Licht über der Welt, in dem die Zweige des Busches gerade erst sichtbar wurden. Er hob die Flügel und schüttelte sie leicht. Sein

Körper war steif und kalt, so daß er die Schultern hochzog und seinen Schnabel in die weichen Daunen unter dem rechten Flügel schob. Er war müde, seine Muskeln schmerzten, und er gönnte sich fünf Minuten, in denen er die Federn aufplusterte, um die feuchte Kälte abzuhalten; dann öffnete er die Augen wieder. In dieser kurzen Zeit war das Licht deutlich heller geworden, und die schwarzen Bäume am Flußufer hoben sich allmählich vom dunklen Hintergrund ab. Er bewegte die Beine, schüttelte den Schwanz und hob den Kopf. Das Weibchen schlief noch, und seine ausgebreiteten Flügel schützten die Jungen vor der Morgenkühle und den Tropfen, die von den Zweigen über ihnen herabfielen. Draußen nieselte es, und die oberen Blätter neigten sich immer wieder, so daß das angesammelte Wasser ablief.

Das Männchen zuckte zusammen, als ihm ein Tropfen auf den Kopf fiel. Sein erschrecktes Gezwitscher weckte das Weibchen, das die Augen aufriß, sie aber sofort wieder schloß, als sie merkte, daß alles in Ordnung war. Das Männchen umklammerte den Zweig fester, spreizte den Flügel weg, so daß er hinunterhing, und kratzte sich mit dem linken Fuß den feuchten Fleck auf seinem Kopf. Der Zweig wurde dabei so heftig erschüttert, daß das Weibchen eine Dusche abbekam. Sie öffnete wieder die Augen, und als der Schauer vorbei war, setzte sie sich im Nest zurecht und schüttelte das Wasser von den Flügeln.

Diese Bewegung weckte die beiden Nestlinge; sie drängten sich in Sekundenschnelle in die kleine Spalte zwischen ihrer Brust und der Nestwand und bettelten zwitschernd um Futter. Das Weibchen war jedoch noch nicht bereit, ihrem Drängen nachzugeben – erst wenn das Männchen mit dem ersten Fang des Tages zurückkehrte und ihr dadurch zeigte, daß es Nahrung gab, würde sie das Nest verlassen. Inzwischen mußte sie die Nestlinge warm und ruhig halten.

Sie schüttelte noch einmal die Flügel, schob und drängte dann die Jungen unter sich und setzte sich auf sie, um weitere Streitigkeiten zu verhindern.

Das Männchen wartete, bis sich alles beruhigt hatte, dann hüpfte es auf den Nestrand und zupfte und glättete die feuchten Federn auf ihrem Rücken. Sie streckte den Kopf in die Höhe, schloß dankbar die Augen und genoß seine Fürsorge. Er arbeitete sich bis zu ihren Schultern vor, dann erinnerte er sich an ihr Liebesspiel und fuhr mit dem Schnabel an ihrem Hals entlang. Bei dieser unerwarteten Liebkosung erschauerte sie und zog verblüfft den Kopf ein.

Als das Nest erzitterte, öffnete sie die Augen, weil sie eine neuerliche Liebkosung erwartete, doch er saß bereits am Rand des Busches. Er warf den Kopf hoch, wie immer, wenn er aufflog, dann schoß er davon. Sein Körper verschmolz mit dem blauen Morgenlicht und verschwand.

Er steuerte geradewegs das Flußufer an und suchte unter den Bäumen ein paar Minuten lang nach Futter, aber der Wind trieb den Nieselregen unter die Zweige, so daß er wieder aufflog und den Fluß überquerte,um einen trockeneren Futterplatz zu finden. Auf der der Straße zugewandten Seite der Hecke war er vor Wind und Regen geschützt, deshalb blieb er am Straßenrand, suchte dort weiter und steckte von Zeit zu Zeit den Kopf forschend in das lange Gras. Nach einer Weile hüpfte er auf die Fahrbahn und stellte fest, daß er von hier aus eine weitaus bessere Sicht auf die Hecke hatte, weil das erhöhte Straßenbankett es ihm erleichterte, im dichten Laubwerk die kleinen Insekten zu erspähen, die er suchte. An einem Geißblatt fand er einen Klumpen Blattläuse und stopfte sie sich in den Schnabel; er freute sich, weil er so zeitig am Tag eine so reichliche Nahrungsquelle entdeckt hatte.

Der Angler mußte seine Scheibenwischer ständig ein- und ausschalten, denn es nieselte nicht so stark, daß die Windschutzscheibe richtig naß wurde, und sie verschmierten die Scheibe mehr, als sie sie reinigten. Wenn er wochentags zur Arbeit fuhr, konnte ihn eine solche Kleinigkeit aus der Ruhe bringen, aber jetzt machte es ihm Spaß, wenn er genau den richtigen Augenblick erwischte, in dem er die Scheibenwischer kurz einschalten mußte, damit sie die Wassertropfen wegwischten, ohne Streifen zu hinterlassen. Komisch, daß es ihm an Arbeitstagen so schwerfiel aufzustehen und er noch eine Stunde lang verschlafen herumstolperte, bevor er wirklich munter war, während er es an Tagen, an denen er angeln fuhr, nicht erwarten konnte, aus dem Bett zu kommen. Manchmal wachte er sogar zu früh auf und zwang sich liegenzubleiben, um Tina nicht aufzuwecken. Was für ein Leben! Die meiste Zeit mußte er irgendwelche Dinge tun, die er ungern tat – manchmal wurde er beinahe verrückt, wenn er darüber nachdachte. Es hatte aber keinen Sinn, jetzt darüber nachzudenken und sich damit den Sonntag zu verderben.

Er liebte die Fahrt zur Küste hinunter, besonders wenn es noch dunkel war und seine Scheinwerfer einen hellen Streifen aus der Finsternis schnitten. Er fuhr auch gern jedesmal eine andere Wegstrecke und plante schon während der Woche die Route genau. Manchmal brauchte er dann zwar doppelt so lang, aber er entdeckte dabei die schönsten Orte. Die Straße, in die er jetzt einbog, führte durch ein unberührtes Tal, das auf der einen Seite von sanft gerundeten Hügeln und auf der anderen von erstaunlichen Felsformationen begrenzt wurde.

Wenn er unter der Woche wieder einmal von allem die Nase voll hatte, dann dachte er an dieses Tal. Er dachte daran, wie es wäre, hier zu leben, jeden Tag beim Erwachen die frische Luft, den Frieden und die Stille zu genießen, bei jedem Wetter durch die Hügel wandern zu können. Sogar an einem trüben, regnerischen Tag wie heute wäre es großartig, Stiefel und Regenmantel anzuziehen und bei Tagesanbruch, wenn die Welt zum Leben erwachte, durch die nassen Wiesen zu stapfen. Wenn er sich noch dazu vorstellte, daß hinter seinem Garten ein Fluß vorbeifloß, und daß er in seinen eigenen fischreichen Gewässern angeln könnte...

Wußten die Leute in der kleinen Siedlung, an der er gerade vorüberkam, überhaupt, wie gut es ihnen ging? Er würde alles dafür geben, wenn er in den Darren leben könnte, die er dort jenseits der Felder erblickte. Tina würde es wahrscheinlich keinen Spaß machen – sie liebte Lichter, viele Häuser und belebte Straßen. Aber die Stadt war nur eine Stunde entfernt; sie könnten am Wochenende hinfahren. Das wäre vielleicht eine Abwechslung: Er könnte sich fünf Tage in der Woche dort aufhalten, wo es ihm gefiel, und müßte sich nur an den Wochenenden dem Verkehr, den Menschenmassen und dem Lärm aussetzen. Ja, von allen Orten, die er kannte, ließe es sich wohl am besten hier in diesem Tal leben.

Er schaltete wieder die Scheibenwischer ein, um die hellen Dächer der Darren genauer zu betrachten, die jetzt hinter den Bäumen auftauchten und wieder verschwanden, dann legte er den höchsten Gang ein, als er nach der Kurve die lange Gerade vor sich hatte, die zu den Häusern führte.

Das Braunellenmännchen beugte sich gerade vor, um die nächste Blattlaus vom Stengel zu pflücken, als er einen Lichtstrahl wahrnahm. Er hüpfte auf das Bankett hinaus und blieb verblüfft auf der Straße stehen. Aus dem blauen Dunst bewegten sich Lichter auf ihn zu. Sie wurden größer und heller und erzeugten in dem Nieselregen Tausende kleine Regenbogen, die schwindelerregend schnell vom Himmel zur Erde und wieder zurück glitten.

Jetzt richtete sich das Licht direkt auf ihn, und die Farben explodierten zu greller, blendender Helligkeit. Er duckte sich vor dem überwältigenden Licht und erstarrte, obwohl er im Begriff gewesen war aufzufliegen. Dann erreichte ihn der Lärm – es dröhnte, pfiff, spritzte und klatschte. Das war nicht die Sonne, die golden und großartig am Morgenhimmel emporstieg und die Welt mit Wärme und Licht erfüllte. Es war ein Ungeheuer, ein Feind, der versuchte, ihn mit einer vorgetäuschten Morgendämmerung in die Falle zu lokken.

Seine Muskeln entspannten sich, und er flog auf. Er schlug wild mit den Flügeln, um der Bedrohung zu entgehen, aber das Licht hatte ihn beinahe erreicht und blendete ihn so sehr, daß er jedes Orientierungsvermögen verlor. Er mußte höher steigen! Er strebte der kühlen Bläue über ihm zu, seine Flügel trugen ihn immer höher empor. Über der Hecke wollte er wenden und zum Nest, dem Weibchen und den beiden Küken zurückfliegen.

Er befand sich schon höher als das Licht, das unter ihm vorüberschoß, und schwenkte nun planmäßig ab. Er stellte die Flügel schräg und setzte gerade zur Kurve an, als ihn der Luftzug erfaßte und über die Motorhaube trug. Er überschlug sich, dann prallte er gegen die Windschutzscheibe.

Einen Sekundenbruchteil lang drückte ihn der Fahrtwind an das Glas, dann glitt er hinauf, stieß an die Gummidichtung, wirbelte über die Kante des Wagendachs und geriet wieder in den Luftstrom. Beide Flügel brachen, als sie von dem Druck verdreht und verrenkt wurden, und hingen kraftlos herab, während er über das Wagendach kollerte. Der Wagen donnerte unter ihm hinweg, der Sog des Luftstroms schleuderte das Männchen zu Boden, es stürzte auf die Straße, prallte auf, rollte weiter, und seine Federn verstreuten sich über den nassen Makadam.

Der Angler hatte im Scheinwerferlicht Flügel flattern gesehen, aber bevor sein Fuß die Bremse erreichte, war das Tier gegen die Windschutzscheibe geprallt und davongewirbelt. Er war zusammengezuckt und hatte einen schrecklichen Augenblick lang befürchtet, daß der Wagen ins Schleudern geraten würde. Er haßte solche Zwischenfälle, und ihn schauderte. Es war nicht fair, daß jemand, der Tiere liebte, einen solchen Unfall baute. Was zum Teufel war mit dem verrückten Vogel los gewesen? Er war nicht schnell gefahren – das dumme Ding war ihm direkt in den Wagen geflogen. Nach einem solchen Zusammenprall mußte es tot sein. Ihm graute bei der Vorstellung, daß es vielleicht nur verletzt war und nun qualvoll zugrunde gehen würde. Aber es war ohnehin zu spät – bei dieser Dunkelheit würde er es nie finden. Das arme Wesen. Wahrlich ein großartiger Auftakt für seinen freien Tag; jetzt würde er ihn nicht mehr genießen können.

Das Braunellenmännchen war nicht tot. Er hatte bei dem Aufprall das Bewußtsein verloren, und als er eine halbe Stunde später wieder zu sich kam, war er geschwächt und infolge seiner Verletzungen unfähig, sich zu bewegen. Er lag im Nieselregen auf der Straße und glitt immer wieder in die Bewußtlosigkeit zurück. Die Kälte und die Nässe betäubten den Schmerz, und nachdem er einige Male vergeblich versucht hatte, sich zu rühren, gab er auf. Er lag mit nach hinten gestreckten Beinen auf dem Bauch. Ein Flügel war halb auf dem Rücken gefaltet, während der andere seitlich wegstand. Wenn er tief atmete, lastete das Gewicht seines Körpers auf diesem Flügel, und er verlor vor Schmerz wieder das Bewußtsein. Sein Kopf lag auf der Straße; er sah mit einem

Auge verschwommen den Makadam und mit dem anderen die Hecke und den bleigrauen Himmel über ihr. Nach einiger Zeit erblickte er mit diesem Auge die Krähe, die sich auf die Hecke setzte. Er ertrug das Gefühl der Hilflosigkeit und Angst nicht, das ihm der große Vogel einflößte, der auf ihn herunterstarrte; sein Gehirn weigerte sich, das Bild zu akzeptieren, und registrierte nur noch verschwommen den Makadam, den das andere Auge wahrnahm.

Die Krähe war in großer Höhe über das Tal geflogen, als der Wind die nassen Schwanzfedern des Braunellenmännchens leicht bewegt hatte. Diese schwache Bewegung hatte genügt, um die Aufmerksamkeit der Krähe zu erregen, und sie war in einem großen Bogen hinuntergeglitten und hatte sich erst auf die Eiche bei Brook Cottage und dann auf die Hecke gesetzt. Einen Augenblick lang hatte sie auf dem durchbrochenen Laubdach unsicher geschwankt, ihr Gleichgewicht aber bald wiedererlangt und regungslos sitzend die Situation abgeschätzt. Der kleine Vogel war noch am Leben, aber der Tod war sehr nahe. Es würde sich lohnen zu warten, aber nicht hier auf der Hecke, da befand sie sich zu tief unten, und das war gefährlich. Sie flog zur Eiche zurück und setzte sich auf einen Ast in der Nähe des Stammes, wo sie vor der Nässe einigermaßen geschützt war.

Das Braunellenweibchen wartete auf die Rückkehr des Männchens, doch schließlich wurde die Unruhe der Nestlinge so groß, daß sie sich auf Futtersuche begab. Bei dem schlechten Wetter waren Insekten nur schwer aufzutreiben, und die beiden Nestlinge schrien vor Hunger; obwohl ihr das Männchen fehlte und sie ihn am liebsten gesucht hätte, blieb ihr nichts anderes übrig, als sich auf das nächstliegende Problem zu konzentrieren und die Arbeit beider Ernährer zu übernehmen. Die Bindung zwischen ihr und dem Männchen war so stark, daß sie ihn bestimmt gefunden hätte, wenn sie Zeit gehabt hätte, ihn zu suchen; sie wäre auch bei ihm geblieben, solange Leben in ihm war. So starb er allein.

Als die Muskeln des Braunellenmännchens sich im Tod entspannten, veränderte der Körper seine Stellung nicht; dennoch nahm die Krähe auf der fast dreißig Meter entfernten Eiche den Augenblick wahr, in dem das Leben aus dem kleinen, grauen Bündel entwich. Sie hob die Flügel, sah sich um, um sich zu überzeugen, daß keine Konkurrenten in der Nähe waren, und glitt dann zu der wartenden Mahlzeit hinunter.

Daniel setzte sich auf den Beifahrersitz und zog die Tür zu. Mike, sein Freund vom College, lud noch den Koffer in den Wagen, deshalb drehte Daniel sich um, um nochmals zum Haus zurückzublicken, und sah seine Mutter am Fenster stehen. Obwohl er sie durch den Nieselregen und die nasse Fensterscheibe nur undeutlich wahrnahm und sie Teddy in den Armen hielt, wirkte sie sehr einsam. Was wäre, wenn sie wie Mrs. Lawrence einen Unfall hätte und niemand da wäre, um ihr zu helfen?

Endlich hatte Mike den Koffer verstaut und stieg ein. Daniel winkte noch rasch seiner Mutter zu, und als der Wagen sich in Bewegung setzte, versuchte er, den Gedanken an sie zu verdrängen, indem er sich Bilder aus dem Tal einprägte. Nur unzusammenhängende Einzelheiten, an die er sich während der hektischen Prüfungswochen, die vor ihm lagen, erinnern würde... Zum Beispiel die Krähe dort, die erst im letzten Augenblick aufflog, weil sie sich nicht von dem Happen trennen konnte, an dem sie auf der Straße herumpickte.

Das Braunellenweibchen sah ebenfalls die auffliegende

Krähe, die einen großen Kreis beschrieb und dann wieder hinter der Hecke landete. Sobald die Krähe fort war, flog die Braunelle, die sich hinter einem Grasbüschel versteckt hatte, zum Nest zurück. Bei diesem Wetter war die Suche nach Insekten zeitraubend und anstrengend, und manchmal konnte sie den Nestlingen nur Samenkörner bringen. Die Tatsache, daß sie die einzige Ernährerin war, überforderte ihre Kräfte. Sie mußte endlich selbst fressen, sonst konnte sie nicht weitermachen. Sie landete neben dem Nest, stopfte einen Samen in einen der ständig aufgesperrten Schnäbel und flog davon, um zum ersten Mal an diesem Tag selbst etwas zu fressen.

Sobald sie abgeflogen war, zog sich das Braunellenküken, das sich vorgedrängt und den Samen erhascht hatte, eilig vom Nestrand zurück und setzte sich dem Kuckuck vor die Nase. Nach zwei Tagen relativer Ruhe unternahm dieser wieder ernsthafte Anstrengungen, die junge Braunelle aus dem Nest zu werfen. Die Veränderung war zum Teil darauf zurückzuführen, daß sich seine Augen an diesem Morgen ganz geöffnet hatten und es ihm daher leichter fiel, seinen Ziehbruder zu verfolgen und anzugreifen; der Hauptgrund aber war die Futterknappheit.

Schon unter normalen Umständen hätte das schlechte Wetter das Bedürfnis der Jungvögel nach wärmender Nahrung verstärkt. Doch nun hatte die Fütterung auch noch spät begonnen, war weniger häufig erfolgt und hatte gelegentlich nur aus Samen bestanden statt aus den nahrhafteren Insekten, an die sie gewöhnt waren. Das galt besonders für den Kuckuck, der seiner raschen Entwicklung wegen besonders kräftige Kost brauchte. Sein Instinkt war so programmiert, daß er nur friedlich blieb, solange er genügend Nahrung bekam, und weil er jetzt weniger erhielt, als er brauchte, wurde er unruhig und angriffslustig. Er konnte nie genug bekommen, und jetzt schnappte dieses zweite Geschöpf im Nest ihm auch noch das Futter vor der Nase weg. So konnte es nicht weitergehen.

Das Küken saß vor dem Kuckuck, spürte aber, daß ihm dieses Verhalten keine Sicherheit mehr bot. Der Kuckuck war um soviel größer geworden als der Braunellennestling, daß er sich nicht mehr auf die Vertiefung in seinem Rücken verlassen mußte, wenn er das Küken hinauswerfen wollte, und das wußte er auch. Das Küken kam sich klein und verwundbar vor, als der Kuckuck sich aufrichtete und zu ihm hinunterblickte. Der Schnabel stand offen, das Küken sah die scharfen Spitzen, die hacken, zustoßen und zwicken konnten, und duckte sich. Der Kuckuck stieß versuchsweise nach ihm. Es war kein richtiger Stoß, doch er ließ die gefährliche Bösartigkeit des Eindringlings ahnen, die jederzeit durchbrechen konnte. Das Küken drängte sich am Kuckuck vorbei, aber obwohl ihm dieser nicht folgte, sondern sich in der Nestmulde niederließ, um auszuruhen, wußte sein Rivale, daß er sich nirgends verstecken konnte. Der Kuckuck konnte ihn jederzeit töten, und er würde es bald versuchen.

16

Mary im Krankenhaus – Die Turmfalken – Die Erziehung der jungen Füchse – Eve Conrad und die Misteldrossel

Wo soll der Grund zu finden sein
Für das verzückte Lied,
Mit dem er Erdendinge preist,
Die er allein nur sieht?

Es sei denn, daß sein Nachtgesang
Von sel'ger Hoffnung zitternd spricht,
Die seine Sinne tief erkannt,
Die meinen jedoch nicht.

Thomas Hardy: *The Darkling Thrush*

Für Theo waren die ersten Tage nach Marys Unfall nur eine endlose Reihe ängstlicher Wartestunden, die er entweder in einem grauen Korridor des Krankenhauses oder in der bedrückenden Stille von Little Ashden verbrachte. Sie war in dem Augenblick gestürzt, als sie in die Wanne steigen wollte, und ihr Beckenknochen wies mehrere Sprünge auf. Da aber der Zustand der Hüftknochen schon infolge der Arthritis so schlecht war, fiel es den Ärzten trotz der Röntgenaufnahmen schwer, den wahren Umfang des Schadens festzustellen. Dazu kam, daß sie durch das heiße Wasser aus der überfließenden Wanne auf einer Körperseite Verbrennungen erlitten hatte. Es war kein Wunder, daß sie unter Schock stand; außerdem war zu befürchten, daß sie eine Lungenentzündung bekommen würde. Erst als diese Gefahr gebannt war, konnten die Ärzte endlich genau feststellen, welche Knochen bei dem Sturz in Mitleidenschaft gezogen worden waren.

Das einzige Gute an dem Unfall war die Tatsache, daß Marys Hüftgelenk jetzt früher operiert werden würde, als sie angenommen hatte. Der Terminkalender des Chirurgen war zwar voll, aber da sie nun schon im Krankenhaus lag, hatte sie gute Aussichten, eingeschoben zu werden, sobald sich eine Lücke ergab. Bis dahin mußte sie sich in Geduld fassen.

Theo stürzte sich noch eifriger in die Arbeit auf der Farm, um sich von seinen Sorgen um Mary abzulenken und die leeren Stunden auszufüllen. Statt sich an den langen Abenden zwecklosen Grübeleien hinzugeben, kam er auf die Idee, den großen Gemüsegarten, den er in den letzten Jahren vernachlässigt hatte, umzugraben und neu zu bepflanzen. Dieser Entschluß erwies sich als Segen für sehr viele Altvögel, die jetzt mühelos Nahrung für ihre Jungen fanden. Die Braunelle gehörte auch zu ihnen. Nach den kalten Tagen, an denen sie so weit fliegen mußte, um Futter zu finden, war sie sehr erleichtert, denn hier in der frisch umgestochenen Gartenerde gab es Larven und kleine Würmer in Hülle und Fülle.

Für die meisten Tiere im Tal war der Frühsommer eine anstrengende Zeit. Die erwachsenen Tiere widmeten sich voll und ganz der Betreuung ihrer Jungen, während diese sich allmählich den Gefahren stellten, die ihre zunehmende Unabhängigkeit mit sich brachte.

Es gab natürlich auch Ausnahmen. Der Turmfalke und sein Weibchen hatten ihren ersten Nistplatz auf einer alten Eiche hinter den Sandsteinfelsen bereits aufgegeben. Das Männchen hatte das Weibchen mit seinen Flugkünsten umworben, und sie hatten sich Anfang Mai gepaart. Dann hatte das Weibchen drei Eier in die Höhlung einer Eiche gelegt und bebrütet, doch obwohl sie sehr behutsam mit ihnen umging, waren die weißen Schalen mit dem rotbraunen Muster so dünn und spröde, daß alle drei Eier innerhalb weniger Tage zerbrachen.

Jetzt hatten sie einen neuen Nistplatz gefunden und waren im Begriff, sich wieder zu paaren, aber es würde ihnen mit allen Eiern so gehen, die das Weibchen legte. Im vergangenen Herbst hatte sie sich einige Wochen lang fast ausschließlich von Wühlmäusen ernährt. Diese Wühlmäuse hatten die Wurzeln von verseuchten Pflanzen gefressen, denn in einer Entfernung von einigen Meilen waren giftige Chemikalien auf ein Stück Ödland geleert worden und allmählich mit dem Regenwasser in die Erde gelangt. Sie hatten sich im Körper der Wühlmäuse angesammelt und deren Sinnesorgane geschädigt, so daß sie für die Turmfalken eine leichte Beute gewesen waren. Das Falkenweibchen hatte dadurch so viele Chemikalien in sich aufgenommen, daß in diesem Jahr alle ihre Eier zu dünne Schalen hatten. Jetzt saß sie auf einem kleinen Haselstrauch am Fluß; das Männchen segelte mit dem Wind auf sie zu und bezauberte sie mit seiner Geschwindigkeit und Sicherheit, als er wenige Zentimeter über ihrem Kopf hinwegfegte und dann mit ausgebreiteten Flügeln und gespreiztem Schwanz wieder in die Höhe stieg.

Im Gegensatz zu den Turmfalken, die sich nach einem Nest voller Jungen sehnten, war der Fuchs froh, daß er mit der Aufzucht seiner Sprößlinge nichts mehr zu tun hatte. Als ihm eines Nachts die Fähe mit den Jungen über den Weg lief, fletschte er die Zähne und bellte schrill, um sie aus dem Revier zu vertreiben, das er als sein ausschließliches Eigentum betrachtete. Die Jungen stoben in alle Richtungen, doch die Fähe stellte sich ihm in den Weg, stieß langgezogene Schreie aus, sträubte das Fell und zeigte durch ihre Körperhaltung an, daß sie auf keinen Fall nachgeben, sondern kämpfen würde. Damit zwang sie den Fuchs, Farbe zu bekennen. Er galoppierte ein paar Meter weit, dann verfiel er allmählich in eine langsamere Gangart, so als hätte er einfach das Interesse an der ganzen Angelegenheit verloren. Eine Zeitlang schlich sie drohend hinter ihm her, um sicherzugehen, daß er nicht wiederkam, dann kehrte sie zu den Welpen zurück und rief sie zu sich. Sie mußte nur einmal befehlend kläffen, damit die Jungen folgsam aus ihren Verstecken herbeigerannt kamen und ihr diszipliniert folgten.

Sie beschützte sie und versorgte sie mit Nahrung, und die Jungen gehorchten ihr bedingungslos. Wenn die Fähe sie auf

Futtersuche oder auf die Jagd führte, nahmen sie mit allen Sinnen die zahllosen Bewegungen und Geräusche auf den dunklen Feldern und im Wald wahr. Sie beobachteten die Mutter und lernten an ihrem Verhalten genau zu unterscheiden, was harmlos und was gefährlich für sie war.

Sie ließen ihre Mutter nicht aus den Augen, darin bestand ihr Unterricht. Unbewußt nahmen sie die gleiche Körperhaltung ein wie sie, trabten, sprangen und schlichen, überquerten geschickt freies Gelände, bewegten sich geräuschlos durch den Wald, kletterten auf Hindernisse hinauf oder über sie hinweg. Sie lernten, reglos in ihrem Versteck zu warten, während sich die Mutter an ein Kaninchen anschlich, dann auf die Beute zustürzte und ihr mit einem schnellen, genau berechneten Biß das Genick brach. Sie ahmten jede ihrer Bewegungen nach, blieben, wie sie, mit erhobener Pfote stehen, wenn sie etwas witterte oder erspähte, und wiederholten diese Verhaltensweisen, wenn sie sich spielerisch aneinander anschlichen, einander ansprangen und sich balgten. Tag um Tag schärfte das Beispiel der Fähe die Instinkte und angeborenen Fähigkeiten der Jungen und bereitete sie auf die Zeit vor, wenn sie sich ihre Nahrung selbst suchen und ein selbständiges Leben führen würden.

Die drei Jungen hatten bereits gelernt, wo sie nach Würmern und Käfern suchen mußten, und zwei von ihnen verstanden es schon sehr geschickt, diese schmackhaften Lekkerbissen zu fangen. Der dritte war zwar fähig, mit den langsam kriechenden Würmern fertig zu werden, sobald er sie ausgegraben hatte, sonst aber war er ziemlich ungeschickt und dumm, und seine Versuche, die davonhastenden Käfer zu fassen, endeten gewöhnlich mit einem totalen Mißerfolg, weil seine Kiefer weit daneben schnappten. Manchmal floh er sogar, wenn eines dieser Geschöpfe sich umdrehte und ihn in die Nase zwickte, und zweimal kniff ihn zu seiner

Schande ein Käfer ins Hinterteil, als er ihn aus den Augen verlor und sich versehentlich auf ihn setzte.

Es war immer dieses eine Junge, das im falschen Augenblick überrascht kläffte, auf einen Zweig trat, der knackte, oder den Schwanz bewegte, so daß das Laub raschelte. Trotz der strengen Ermahnungen seiner Mutter – sie knurrte warnend und kniff ihn schmerzhaft – blieb er wesentlich ungeschickter und unsicherer als seine beiden Geschwister. Diese wurden von Woche zu Woche listiger und erfinderischer, erlernten rasch die Techniken der erfolgreichen Jäger und entgingen allen ihnen gestellten Fallen, während die Überlebenschancen des dritten immer schlechter wurden. Noch sorgte die Fähe dafür, daß er genug zu fressen bekam, und erhielt ihn dadurch am Leben.

Überall im Tal kam bereits das Gesetz der natürlichen Auslese zum Tragen. Das am weitesten entwickelte Junge der Schleiereulen versuchte tollkühn, es seinen Eltern nachzumachen; es kletterte aus dem Nest und schlüpfte durch die Öffnung im Dach der Darre. Im Gegensatz zu ihnen fand es jedoch keinen Halt auf den steilen Ziegeln, rutschte hinunter und stürzte über den Rand. Es flatterte mit den Flügeln, schlug dadurch jedoch nur ein paar Purzelbäume, prallte auf dem Boden auf und war sofort tot. Am nächsten Morgen fand Will den kleinen Leichnam, beutelte ihn ein paarmal und warf ihn in die Luft. Dann setzte sich sein Jagdhundinstinkt durch; er nahm den toten Vogel ins Maul, lief in den Hof der Farm zurück und legte ihn als Geschenk für seinen Herrn auf die Küchentreppe.

Der Anblick eines kleinen Geschöpfs, das unbeirrbar um sein Leben kämpfte, riß Eve aus dem Weinkrampf, der sie überwältigt hatte, als Daniel fortfuhr. Ihre Tränen hatten zu fließen begonnen, als sie ihm zusah, wie er über den Gartenweg zum Auto seines Freundes ging. Er hinkte immer noch stark, und die beharrliche Tapferkeit, mit der er dieses Handikap bagatellisierte, trieb ihr das Wasser in die Augen. Und sobald sie einmal begonnen hatte zu weinen, konnte sie nicht mehr aufhören, weil ihr immer neue Beweise dafür einfielen, daß das ganze Leben ein einziges Trauerspiel war.

Während sie Kaffeewasser aufsetzte, sah sie gedankenverloren zum Fenster hinaus. Dann wurde sie plötzlich durch eine Bewegung auf dem Rasen abgelenkt. Eine junge Misteldrossel hüpfte über das Gras, schlug mit den Flügeln und versuchte verzweifelt zu fliegen. Sie war offensichtlich aus dem Nest gefallen und noch zu jung und unerfahren, um in seine Sicherheit zurückzufinden. Eve sah zu, wie sie bei ihren angestrengten Flugversuchen beinahe über ihre eigenen Füße stolperte. Hie und da gelang es ihr, bei einem Sprung ein wenig vom Boden abzuheben, aber ihre Flügel trugen sie nicht weit. Schließlich sah sie sich ängstlich um und versteckte sich dann hinter dem Spaten, der am Holzschuppen lehnte.

Eve öffnete vorsichtig die Küchentür und sah hinaus. Die junge Drossel hockte vor Angst und Erschöpfung zitternd im Schatten des Spatens. In diesem Augenblick scharrten Krallen über das Linoleum, und Teddy drängte sich an Eve vorbei in den Garten hinaus. Sie rief ihn zurück, aber es war zu spät. Bellend begann der Terrier seine übliche wilde Runde durch den Garten, um unsichtbare Eindringlinge zu vertreiben, die hinter dem Zaun oder der Hecke lauerten. Eve rief in strengem Tonfall nochmals seinen Namen, aber er war so sehr in seine fröhliche Pflichterfüllung vertieft, daß er sie gar nicht hörte. An sich war Teddy ein braver, folgsamer Hund, aber sie wußte, daß er für ihre Befehle so lange taub sein würde, bis er seine Runde beendet hatte. Sie wußte auch, daß diese Runde immer in der Nähe des Holzschuppens mit einer gründlichen Suche nach Räubern endete. Wenn sie nicht schnell etwas unternahm, würde Teddy in seiner Aufregung der kleinen Drossel etwas zuleide tun.

Teddy war gerade am anderen Ende des Gartens unter dem Apfelbaum angelangt, deshalb ging sie möglichst geräuschlos zum Holzschuppen, um den Vogel nicht zu erschrecken. Vielleicht konnte sie sich in die Nähe des Spatens stellen und den Terrier in die Küche treiben. Sie hatte jedoch erst wenige Schritte gemacht, als der Vogel verängstigt aus seinem Versteck hervorschoß und unbeholfen davonflatterte und -hüpfte. Dann blieb er mitten auf dem Rasen stehen und duckte sich völlig verstört tief ins Gras. Genau in dem Moment kam Teddy, der glaubte, daß seine Herrin mit ihm spielen wollte, quer durch den Gemüsegarten freudig auf sie zugelaufen. Er zwängte sich durch die Johannisbeersträucher und galoppierte über den Rasen.

Dort erblickte er die Drossel und blieb unvermittelt stehen. Sein Körper straffte sich, und sogar sein Stummelschwanz hörte zu wedeln auf. Eve brüllte laut seinen Namen, sowohl um den Vogel zu verscheuchen, als auch, um den Hund zu sich zu beordern, aber der Vogel war vor Entsetzen erstarrt – und Teddy vom Jagdfieber erfaßt. Er duckte sich ein wenig und ging dann mit offenem Maul auf den Vogel los, in zitternder Vorfreude auf den Augenblick, in dem er zuschnappen würde.

Eve hatte das Drama so gespannt beobachtet, daß sie genauso erschrak wie Teddy, als plötzlich der Altvogel auf der Bildfläche erschien und schrille Drohrufe ausstieß. Der Terrier war von dem wütenden Gezeter und der Geschwindigkeit, mit der der Vogel dicht vor seinen Augen vorüberfegte, so überrumpelt worden, daß er zurückschreckte und sich verblüfft hinsetzte. Noch bevor der verwirrte Hund Zeit hatte, sich nach dem Angreifer umzusehen, wendete die Drossel und griff nochmals zeternd an. Wieder wich Teddy vor dem schrillen Gekreisch und den vor seinen Augen vorbeihuschenden weißen Flügelfedern zurück, aber der Überraschungseffekt hatte an Wirkung verloren; der Hund stand auf, drehte sich um und erwartete den nächsten Angriff.

Doch nachdem es der Drossel geglückt war, den Hund für kurze Zeit abzulenken, flog sie jetzt zu dem gestrandeten Grünschnabel. Sie kam dicht über dem Boden schnell auf ihn zu, verlangsamte unvermittelt den Flug, landete neben ihm, hob wieder ab und führte ihm damit vor, was er tun mußte und wie einfach es war. Nach dieser Demonstration flog sie auf die Hecke, drehte sich um und forderte ihren Sprößling zwitschernd auf, ihrem Beispiel zu folgen. Einen Augenblick lang rührte sich niemand; Eve, der Altvogel und Teddy starrten alle drei wie gebannt auf den Jungvogel. Dann setzte Teddy zum Sprung an. Eve streckte die Hand aus und öffnete den Mund, um einen Schrei auszustoßen, und das war der Anstoß, den die junge Drossel brauchte. Sie wußte, daß es ihren Tod bedeutete, wenn sie sitzen blieb.

Sie duckte sich noch tiefer, spannte alle Nerven und Muskeln an und sprang in die Luft. Hektisch flatternd strich sie über den Rasen dahin, doch ihre Füße streiften noch das Gras, als könnte sie die Anziehungskraft der Erde nicht überwinden, und Teddy nahm die Verfolgung auf. Eve war schon überzeugt, daß der Vogel es nicht schaffen würde, da stieg er plötzlich hoch und landete triumphierend auf der Hecke. Der Flug hatte nur einige Sekunden gedauert, aber Eve spürte, wieviel Willenskraft, Wagemut und Entschlossenheit der Jungvogel aufgebracht hatte, und sein Erfolg wärmte ihr das Herz.

Sie rief Teddy zu sich, der verlegen gehorchte, packte ihn am Halsband und ging mit ihm in die Küche zurück. Vom

Fenster aus beobachtete sie fasziniert, wie die junge Drossel, von ihrer Mutter angespornt, ihre neu erworbenen Fähigkeiten trainierte, indem sie auf der Hecke Übungsflüge unternahm. Eine halbe Stunde später flogen die beiden Vögel auf, überquerten den Garten und setzten sich auf die unteren Zweige der Eiche am Feldrand. Eves gedrückte Stimmung war vollkommen verflogen, als sie beobachtete, wie der Jungvogel seiner Mutter mit einer Sicherheit folgte, die sie noch vor kurzem für unmöglich gehalten hätte. Sie lächelte vor Freude über seine Leistung; dieser Triumph des Lebens über den Tod richtete sie auf und gab ihr Kraft.

Auf der anderen Talseite begann sich inzwischen ein anderer Kampf auf Leben und Tod – der zwischen dem Braunellenjungen und dem Kuckuck – ernstlich zuzuspitzen.

17

Der Kampf um das Nest – Das Braunellenjunge wird besiegt – Überleben und Wachstum – Eine Operation – Zweifel und Ängste – Kameradschaft – Ein Geschenk – Unabhängigkeit

Gleich einer sturmeskühnen, im dumpfen Käfig eingesperrten Lerche,
wohnet des Menschen hochfliegender Geist in seinem Knochenhaus,
dieser armseligen Behausung.

Gerald Manley Hopkins: *The Caged Skylark*

An dem Tag, an dem das Männchen ums Leben kam, arbeitete das Braunellenweibchen fieberhaft, um die Jungen zu ernähren. Sie legte auf der Suche nach Futter fast das Doppelte der üblichen Strecke zurück, doch die Jungen schrien ständig nach mehr.

Vor allem der Kuckuck geriet vor Hunger ganz außer sich, und seine Nerven waren so angespannt, daß er nicht stillsitzen konnte. Jedesmal, wenn die Mutter zum Nest zurückkehrte, streckte er ihr einen weiter denn je aufgesperrten Schnabel entgegen, und sein ganzer Körper zuckte und bebte vor gieriger Erwartung. Die Spannung, unter der der Kuckuck stand, übertrug sich so sehr auf die Braunelle, daß sie bei der Fütterung immer ihn zum Zug kommen ließ, was seine aufgestaute Verzweiflung für kurze Zeit besänftigte. Doch kaum war das Futter verschlungen und der Altvogel wieder fortgeflogen, entlud sich seine Frustration in Aggression gegen den anderen Nestling.

Hätte er seine Größe und Angriffslust gezielt eingesetzt, so wäre er mit dem Braunellenjungen spielend fertig geworden, doch obwohl er am Morgen schon einmal probeweise nach ihm gehackt hatte, versuchte er immer noch, seinen Stiefbruder mit der bisher verwendeten Methode aus dem Nest zu werfen. Für das Braunellenjunge bedeutete es eine große Anstrengung, pausenlos auf der Hut zu sein, und da es sehr wenig Futter bekommen hatte, fühlte es sich schon ziemlich schwach. Solange der Kuckuck jedoch seine Taktik beibehielt, war die Gefahr nicht groß, weil das Braunellenjunge beweglicher war als er und ihm daher ausweichen konnte. Aber als der graue Himmel noch düsterer wurde und die Nacht zeitig hereinbrach, wußte sich der Kuckuck vor Wut nicht mehr zu helfen und wurde gewalttätig.

Als das Braunellenjunge wieder einmal von seinem Rükken glitt, wirbelte er außer sich vor Zorn herum und stolperte zufällig über den anderen. Das Braunellenjunge brach unter seinem Gewicht zusammen, und der Kuckuck, der kaum wußte, was er tat, hackte wild nach seinem Kopf und Rükken. Der Angriff war nicht geplant gewesen, und als der Kuckuck seine Wut abreagiert hatte, hielt er ein. Er war jedoch erstaunt, wie rasch er mit dem Gegner fertig geworden war, und wie wohltuend sich seine Spannung durch diesen Angriff gelöst hatte.

Er blickte auf das noch benommene Braunellenjunge hinunter, und dessen offenkundige Hilflosigkeit erregte ihn. Diesmal hackte der Kuckuck bewußt nach dem Kopf seines Opfers, das erschrocken piepste, als der Schnabel seinen Schädel traf, und sich tiefer duckte. Befriedigt über diese Reaktion schlug der Kuckuck nochmals zu, und sein Rivale piepste wieder. Dann setzte er zu einem weiteren kraftvollen Hieb an, aber in diesem Augenblick erbebte das Nest, weil die Mutter mit einer hellgrünen Florfliege im Schnabel zurückkam. Beim Anblick der Nahrung vergaß der Kuckuck alles andere und bettelte so stürmisch, daß das Weibchen Schwierigkeiten hatte, ihm das Futter in den Hals zu stopfen. Schließlich ließ sie die Florfliege einfach in den aufgerissenen Schnabel fallen und flog rasch wieder fort, um noch einmal Futter zu suchen, bevor es völlig dunkel wurde.

Der Kuckuck stellte verwundert fest, daß die Nahrung nicht mühelos durch seinen Hals glitt, als er die gewohnte Schluckbewegung machte. Der hellgrüne Leib und die durchscheinenden Flügel des Insekts blieben vielmehr stekken und ragten erst links, dann rechts aus seinem Schnabel hervor. Er warf den Kopf zurück und riß den Schnabel so weit auf wie möglich, bekam die Fliege aber noch immer nicht hinunter.

Der Kampf des Kuckucks mit der Florfliege verschaffte dem Braunellenjungen eine Atempause. Die Hiebe hatten ihm weh getan und es leicht betäubt, aber es war nicht ernstlich verletzt. Jetzt stand es auf und zog sich auf die andere Seite des Nestes zurück. Seine einzige Hoffnung lag darin, daß der Kuckuck eher schwerfällig war. Solange das Küken sich einen gewissen Bewegungsspielraum bewahren konnte, war es relativ sicher, sobald es sich aber in die Enge treiben ließ, war es den Hinauswurfmanövern und den Schnabelhieben seines Gegners rettungslos ausgeliefert.

Kaum hatte sich das Braunellenjunge in Sicherheit gebracht, gelang es dem Kuckuck, die Florfliege zu schlucken. Einen Augenblick lang genoß er das Gefühl der Sättigung, dann erinnerte er sich an sein halb vollendetes Werk. Er rappelte sich hoch und begann sich in dem engen Nest mühselig umzudrehen, um den Rivalen neuerlich anzugreifen. Das Junge war jedoch darauf gefaßt und hielt sich eng hinter dem im Kreis rotierenden Kuckuck, so daß dieser es nicht einholen konnte.

Einmal blieb er stehen und versuchte sich dann im Rückwärtsgang unter das Junge zu schieben, das ihm jedoch geschickt auswich. Daraufhin nahm der Kuckuck die Verfolgung wieder auf, aber dem sehr viel beweglicheren Rivalen gegenüber hatte er kaum eine Chance. Er mußte sich an die Nestwand lehnen, um nicht umzufallen, und hatte außerdem noch nicht gelernt, einen bestimmten Gegenstand längere Zeit zu fixieren, vor allem dann, wenn sich dieser Gegenstand in der Nähe seines Schwanzes bewegte und immer wieder aus seinem Blickfeld verschwand. Die Anstrengung war zuviel für ihn, und er sank in der Nestmulde zusammen, um sich auszuruhen.

Auch das Braunellenjunge zitterte vor Anstrengung, aber es wagte nicht, sich neben dem Kuckuck niederzulassen, deshalb blieb es stehen, lehnte sich an die Nestwand und ließ den Kuckuck nicht aus den Augen, um nicht von einem Angriff überrascht zu werden. Und weil es stand, bekam es den gehaltvollsten Futterbrocken, den die Mutter an diesem Tag ergattert hatte. Es war die dicke Raupe der Pyramideneule, die sie auf einem breiten Grashalm unter der Hecke gefunden hatte. Die Raupe war so groß, daß sie auf beiden Seiten aus dem Schnabel des Braunellenweibchens hing. Sie schnippte ein Ende nach vorn und stopfte die Raupe in den aufgesperrten Schnabel des Jungen.

Das kleine Vogelkind mußte sich anstrengen, um die nahrhafte Beute zu schlucken, aber es war sehr hungrig, und das war genau die Stärkung, die es brauchte. Der Kuckuck, der das Nest vibrieren spürte, als die Braunelle abflog, richtete sich auf und sah gerade noch, wie die Raupe im Schnabel seines Konkurrenten verschwand. Wütend hackte er nach dem anderen, der, noch ehe er den Bissen geschluckt hatte, wegspringen mußte, um nicht getroffen zu werden.

Diesmal spornten Zorn und Enttäuschung die Kampfeslust des Kuckucks noch mehr an, und statt dem Braunellenjungen nachzulaufen, torkelte er quer durch das Nest, damit sich sein Gegner nicht hinter ihm verstecken konnte. Diese neue Taktik, bei der sich der Kuckuck buchstäblich von einer Seite des Nestes zur anderen warf, versetzte das Junge in Angst und Schrecken, weil ihm nur wenig Spielraum blieb und es ständig in Gefahr war, von den flatternden Flügeln des Angreifers umgestoßen zu werden.

Es entging den Angriffen nur dank seiner Schnelligkeit und einer ordentlichen Portion Glück und konnte dem Kuckuck so lange ausweichen, bis dieser erschöpft anhielt, um wieder zu Atem zu kommen. Er hockte keuchend im Nest und sah seinen Gegner so feindselig an, daß das Braunellenjunge seinem Blick auswich. Es legte den Kopf schief und schaute, wachsam auf jede Bewegung des Kuckucks achtend, in die Dunkelheit hinaus.

Draußen lauerten unbekannte Gefahren, die vielleicht noch schlimmer waren als der zustoßende Schnabel des Kuckucks, und plötzlich fühlte es eine so besinnungslose Angst in sich aufsteigen, daß es am liebsten widerstandslos zusammengesunken wäre. Wenn seine Mutter nicht kurz darauf zurückgekehrt wäre, hätte es sich dem nächsten Angriff des Kuckucks wahrscheinlich ohne Gegenwehr ausgeliefert, so aber kam es diese Nacht noch einmal mit dem Leben davon.

Das Braunellenweibchen kehrte mit leerem Schnabel ins Nest zurück. Auf dem letzten Ausflug dieses Tages hatte sie in aller Eile soviel wie möglich gefressen und wäre noch länger ausgeblieben, wenn sie nicht von der Dunkelheit überrascht worden wäre. Mit letzter Kraft flog sie zurück und ließ sich in das Nest fallen; sie war so müde, daß sie sich nicht sorgsam auf den Nestlingen niederließ, sondern die beiden selbst unter ihren Bauch kriechen mußten. Dank dem nächtlichen Waffenstillstand, den ihnen der große Körper der Mutter aufzwang, lagen sie jetzt friedlich nebeneinander in ihrer Wärme und ihrem Schutz.

Die beiden Nestlinge entwickelten sich so schnell, daß Stunden, geschweige denn eine ganze Nacht eine merkliche Rolle spielten. Obwohl der Kuckuck bereits größer war als das Braunellenjunge, brach bei Morgengrauen für ihn erst der achte Tag einer Entwicklung an, die mindestens drei Wochen beanspruchte. Sein Körper war erst von einem schwachen Flaum bedeckt, und seine Muskeln waren noch nicht so kräftig, daß er imstande gewesen wäre, längere Zeit hindurch koordinierte Bewegungen auszuführen. Er blieb deshalb in der Entwicklung weit hinter dem Braunellenjungen zurück, das nun elf Tage alt war und in wenigen Tagen ausgewachsen sein würde.

Die dicken Kiele seiner Schwungfedern schoben sich schon durch den weichen Flaum, und die zweitausend Federn, die seinen Körper schließlich bedecken würden, waren großteils schon so weit ausgebildet, daß man die Hauptfarben seines Federkleids – grau an Hals und Brust und braun auf dem Rücken – bereits erkennen konnte. Seine Augen waren seit Tagen offen, so daß es gelernt hatte, Gestalten zu unterscheiden und Entfernungen abzuschätzen, wenn auch nur innerhalb der engen Grenzen des Nestes und der darüber hängenden Zweige. Außerdem stand es recht sicher auf den Beinen und konnte sich im Gleichgewicht halten, indem es die Flügel leicht anhob. Doch seine relative Reife nützte ihm angesichts der Hartnäckigkeit und rohen Kraft des Kukkucks nichts, als am nächsten Morgen der Kampf ums Nest neu entbrannte.

Das Braunellenweibchen war so erschöpft gewesen und hatte so tief geschlafen, daß sie spät erwachte. Die Wolken hatten sich kurz vor Tagesanbruch verzogen, und als die Braunelle die Augen aufschlug, fielen die Sonnenstrahlen bereits auf die Spitzen der Bäume auf den Felsen. Die Schönheit des im schrägen Morgenlicht goldgrün schimmernden Laubes flößte ihr neuen Mut ein. Bei diesem Wetter würden die Insekten wieder ausschwärmen, so daß sie auf der Suche nach Futter leichteres Spiel haben würde, und die ganze Welt zeigte sich von ihrer schönsten Seite.

Sie streckte die Flügel, spürte, wie sich die Nestlinge unter ihr bewegten, und hüpfte auf den Nestrand. Dann drehte sie sich um und sah, wie die beiden sich aufrichteten und ihr sofort die aufgesperrten Schnäbel entgegenstreckten. Über Nacht waren die Farben des Braunellenjungen ausgeprägter und leuchtender geworden, und ihr wurde die Leere bewußt, die der Tod des Männchens in ihrem Leben hinterlassen hatte. Vielleicht sah sie deshalb ihren Sohn zum ersten Mal aus einem neuen Blickwinkel. Noch vor einem Augenblick war er für sie nur ein aufgesperrter Schnabel gewesen, den sie stopfen mußte, doch jetzt erkannte sie ihn als ein Wesen von ihrer Art und fühlte, daß das Wunder, das vor so langer Zeit begonnen hatte, sich der Vollendung näherte.

Einstweilen aber waren er und der Kuckuck noch ganz von ihren Jagdkünsten und ihrer unermüdlichen Opferbereitschaft abhängig. Trotzdem mußte sie zuerst ihren eigenen Magen füllen, um für die langen Stunden der Futtersuche Kraft zu haben. Sie schlug mit den Flügeln, um die Muskeln zu lockern, zog eilig die Fahnen ihrer Schwungfedern durch den Schnabel, um sie zu ordnen, und flog dann in den hellen Tag hinaus.

Kaum war sie fort und weit und breit kein Futter in Sicht, um das er kämpfen mußte, drehte sich der Kuckuck zu dem Braunellenjungen um und hackte nach seinem Hals. Das Junge sah den Schnabel auf sich zukommen, wich zu rasch aus und fiel um. Zum Glück kam es sofort wieder auf die Beine, aber es war ein Vorgeschmack auf das, was ihm bevorstand. Der Kuckuck lief nicht mehr hartnäckig hinter ihm her, sondern drehte und wendete sich und versuchte mit allen Mitteln, das Junge zu überwältigen. Dieses wich ihm zwar aus, doch auf dem engen Raum kam es dem Kuckuck unweigerlich ab und zu in die Quere und konnte sich nur unter Aufbietung all seiner Kraft und Geschicklichkeit vor seinen mörderischen Attacken retten.

Diese wilde Verfolgungsjagd erschöpfte beide, und dann herrschte für einige Augenblicke Frieden; schwer atmend saßen sie einander gegenüber und funkelten sich an. Dabei ließ die Aufmerksamkeit des Braunellenjungen einmal kurz nach, und es wurde vom nächsten Angriff des Kuckucks überrumpelt, so daß es auf den Rücken fiel. Noch ehe es sich aufrichten konnte, stand der Kuckuck hinter seinem Kopf und hackte auf die ungeschützten Stellen an Hals und Bauch ein.

Die Hiebe schmerzten, brachten ihm aber keine schweren Verletzungen bei, weil der Kuckuck sich weit vorbeugen mußte und deshalb nicht mit voller Kraft zuschlagen konnte. Dann trat ihm der Kuckuck bei dem Versuch, eine günstigere Stellung einzunehmen, zufällig auf den Kopf. Von Schmerz gepeinigt rollte das Braunellenjunge zur Seite und riß sich dann, auf den halb weggestreckten Flügel gestützt, in seiner Todesangst so unvermittelt los, daß der Kuckuck das Gleichgewicht verlor und gegen die Nestwand taumelte.

Das Junge rappelte sich hoch und erkletterte die gegenüberliegende Nestwand, um sich soweit wie möglich von seinem Feind zu entfernen. Als es den Rand erreichte, umklammerte es ihn mit den Krallen. Hierher hatte es sich schon ein- oder zweimal wagemutig geflüchtet, um dem Angreifer zu entkommen, obwohl ihm vor der Weite und dem Blick in die schwindelnde Tiefe schauderte. Deshalb war es bisher nur am Rand entlang gelaufen, um so rasch wie möglich ins Nest zurück zu hüpfen, sobald es ein sicheres Plätzchen entdeckt hatte. Doch diesmal gab es kein sicheres Plätzchen. Es war immer noch besser, hier oben zu bleiben, als sich in der engen Mulde der Gefahr einer Verletzung auszusetzen.

Der Kuckuck gab sich jedoch nicht damit zufrieden, daß er die Herrschaft über das Nest errungen hatte – er wollte den Feind nicht mehr sehen. Sobald er wieder auf die Füße gekommen war, griff er neuerlich an. Er warf sich gegen die Wand, daß das ganze Nest bebte. Das Braunellenjunge schwankte, flatterte, fand sein Gleichgewicht wieder und hüpfte dann am Nestrand entlang vom Kuckuck fort. Der Kuckuck folgte ihm und hackte nach seinen Beinen. Die Krallen des Jungen verfingen sich in losen Grashalmen, und bei jeder Erschütterung des Nestes drohte es abzustürzen. Dennoch lief es mit halb ausgebreiteten Flügeln auf dem schmalen Nestrand weiter. Der gähnende Abgrund schien es hinabziehen zu wollen, doch sobald es sich der Nestmulde näherte, schoß der Schnabel des Kuckucks vor und trieb es wieder an den Rand. Bisher war das Junge immer schneller gewesen als der Kuckuck, jetzt aber hatte dieser den kleineren Kreis zu bestreichen, und außerdem verlieh ihm die Aussicht auf Erfolg zusätzliche Kräfte. Das Junge hingegen verlor im schwankenden Dickicht der Blätter und Äste die Orientierung, und die Angst vor der Tiefe untergrub seine Willenskraft. Schließlich trat es mit einem Fuß ins Leere und kippte so weit über den Rand, daß sein verzweifeltes Geflatter ihm nichts mehr nützte. Es blieb noch einen Augenblick am Nest hängen, dann stürzte es ab.

Der Kuckuck zischte triumphierend, als das Junge aus seinem Blickfeld verschwand. Endlich hatte er erreicht, was er von Anfang an angestrebt hatte – die Alleinherrschaft im Nest. Er sank befriedigt am Boden der Mulde zusammen, richtete sich aber sofort verblüfft und wütend wieder auf, als über dem Nestrand neuerlich der Kopf des Braunellenjungen auftauchte. Es war auf die parallelen Zweige gefallen, auf denen das Nest ruhte, und zunächst in Gefahr gewesen, durch den Spalt dazwischen abzustürzen, doch dann war es ihm gelungen, Halt zu finden.

Instinktiv versuchte es zuerst, in das Nest zurückzuklettern. Als der Kuckuck jedoch den Schnabel aufriß und sich angriffslustig aufplusterte, wich es zurück. Es wäre ihm ohnehin schwergefallen, die steile Außenwand des Nestes zu erklimmen, aber solange der Kuckuck im Nest saß, hatte es keine Chance. Andererseits konnte es auch auf seinem jetzigen Standort nicht bleiben. Schon jetzt hatte es kaum noch die Kraft, den Ast mit den Krallen zu umklammern; es mußte irgendeinen Sitzplatz finden, an dem es nicht ständig vom Absturz bedroht war.

Der Zweig, auf dem es stand, verdickte sich gegen den Hauptstamm zu, und die Spalte zwischen ihm und dem Parallelast wurde schmäler. Wenn es den Weg bis dorthin schaffte, hätte es einen relativ sicheren Schlafplatz. Langsam begann es, den Ast entlang zu trippeln, doch jedesmal, wenn es die Krallen löste, schwankte es und kippte beinahe nach hinten. Schließlich ließ es alle Vorsicht fahren, wendete sich seinem Ziel zu, flatterte mit den Flügeln, um das Gleichgewicht zu bewahren und sein Tempo zu beschleunigen, und rannte los. Seine Füße glitten immer wieder aus, aber es lief weiter, und als es den Hauptstamm erreichte, sank es erschöpft zusammen. Sein Hinterteil ruhte auf dem einen Zweig, die Brust auf dem anderen, und durch den schmalen Spalt dazwischen konnte es nicht durchfallen. Erleichtert kuschelte es sich eng an den beruhigend dicken Stamm.

Nach dem Gesetz der Natur hätte die Verstoßung aus dem Nest eigentlich das Todesurteil für das Braunellenjunge bedeuten müssen. Da es noch flugunfähig war, konnte es weder Futter suchen, noch Gefahren entfliehen. Außerdem war es außerhalb des Nestes allen Unbillen der Witterung ausgesetzt. Doch in seinem Fall erwies sich die Vertreibung als Segen, und es gedieh seither weit besser als zuvor.

Erstens war es endlich sicher vor der ständigen Verfolgung durch den Kuckuck und verschwendete seine lebensnotwendige Energie nicht länger darauf, dessen Angriffen auszuweichen. Zweitens, und das war wesentlich, bekam es endlich genug zu fressen. Seine Mutter entdeckte es nämlich sofort, als sie mit Futter zurückkehrte, und weil diese neue Situation sie mit Sorge und Neugierde erfüllte, überhörte sie das flehende Piepsen des Kuckucks und hüpfte zu ihrem Sohn. Sie schalt ihn und versuchte ihn ins Nest zurückzulocken, da er sich jedoch absolut nicht vom Fleck rühren wollte, flog sie davon und brachte ihm kurz darauf die nächste Futterration.

Von diesem Augenblick an war das Junge dem Kuckuck gegenüber nicht mehr im Nachteil. Wen die Braunelle fütterte, hing nun ausschließlich davon ab, ob sie zum Nest oder zum Sitzplatz ihres Jungen flog. Bisher hatte sie die Beute automatisch in den nächsten Schnabel gestopft, seitdem die beiden Jungvögel aber getrennt waren, konnte sie sich frei entscheiden. Ihr Instinkt zwang sie, dem Nest und damit dem großen, gefräßigen Nestling treu zu bleiben, doch die vertraute Gestalt und Färbung des Ausreißers, die außerhalb des Nestes noch deutlicher zur Geltung kamen, zogen sie ebensosehr an. Das Junge war ihr ähnlich, und seine Verletzlichkeit rührte sie, wenn sie es klein und zerbrechlich neben dem dunklen Stamm sitzen sah, deshalb fütterte sie es beinahe genauso oft wie den Kuckuck.

Während der ersten Stunden außerhalb des Nestes zitterte das Braunellenjunge vor Angst und Kälte. Im Nest hatten es die weichen, isolierenden Wände vor jedem Luftzug geschützt, und außerdem waren immer andere Körper dagewesen, die es warm hielten. All das fehlte ihm nun auf seinem neuen Sitzplatz. Die Strahlen der Morgensonne waren nicht sehr warm, und sobald der Schatten der Scheune den Busch erreichte, wurde die Luft kühl. Weil aber sein Magen bald so wohl gefüllt war wie noch nie zuvor, glich die steigende Körpertemperatur diesen Nachteil einigermaßen aus. Als die Nachmittagssonne den Busch streifte, war das Junge schon so aufgewärmt, daß es ihr goldenes Licht als angenehm empfand, ihrer Wärme aber nicht mehr unbedingt bedurfte.

Auch seine Angst schwand allmählich, als der Tag verging und keine unmittelbaren Gefahren auftauchten. Sein Sitzplatz war beruhigend breit, obgleich es durch den Spalt zwischen den beiden Ästen ein wenig zog, und der kräftige Hauptstamm verlieh ihm ein Gefühl der Sicherheit, wenn es sich an seine rauhe Rinde schmiegte und das in ihm pulsierende Leben spürte.

Erst als es dunkel wurde und die tieferen Zweige des Busches nicht mehr zu sehen waren, versetzten ihn das Flüstern und Seufzen des Windes und die hundertfältigen scharrenden, raschelnden, knarrenden Geräusche der Nacht neuerlich in Angst und Schrecken. Als seine Mutter am Ende des langen Tages zurückkehrte und es mit einem leisen Glucksen zu sich lockte, hüpfte es sofort zum Nest zurück. Es kletterte an der Außenwand hoch und wollte schon hineinspringen, aber sobald sich das Braunellenweibchen erhob, um ihm Platz zu machen, richtete sich der Kuckuck piepsend und zischend auf. Eingeschüchtert ließ das Junge sich auf den Ast zurücksinken.

Die Braunelle hockte sich wieder über den Kuckuck, und erst als alles ruhig war, kletterte das Junge nochmals hinauf und blieb, halb auf den Nestrand, halb auf den Rücken seiner Mutter gekauert, sitzen. Selbst in dieser Stellung, in der es etwas von ihrer Wärme abbekam, verbrachte es eine lange, schreckliche Nacht. Es zitterte vor Kälte, bis die scharfe Nachtluft schließlich den oberen Teil seines Körpers betäubte, und nur sein wohlgefüllter Magen und die Wärme, die vom Rücken seiner Mutter aufstieg, verhinderten, daß es an Unterkühlung starb. Als der Himmel endlich hell wurde und der zehnte Tag seines Lebens anbrach, hatte es seine bisher schwerste Prüfung bestanden.

Noch bevor seine Mutter erwachte und auf die Jagd ging, sprang es vom Nestrand, schlug kräftig mit den Flügeln, um seine steifen Rückenmuskeln zu lockern, hüpfte selbstsicher den Ast entlang und hockte sich an eine Stelle, an der das warme Sonnenlicht durch das Laub drang. Die reichliche Nahrung, die seine Mutter herbeischaffte, sorgte dafür, daß seine Körpertemperatur sich bald wieder normalisierte, und ab dem frühen Vormittag begann das Tal unter einer Hitzewelle zu stöhnen, die bis Ende Juni anhalten sollte.

Schönwetter bedeutete, daß es viele Insekten gab, und so gelang es dem Weibchen sogar, den Hunger des gefräßigen Kuckucks zu stillen. Das Braunellenjunge aber war so wohlgenährt, daß es, um seine überschüssige Energie abzureagieren, den Großteil des Tages damit verbrachte, über die Spalte zwischen den beiden Zweigen zu springen. Eine innere Unruhe trieb es dazu an, sich zu bewegen und seine Umgebung zu erforschen, und bei jedem Sprung zuckten seine Flügel. Am Ende des Tages verließ es sich nicht mehr ausschließlich darauf, daß seine Beinmuskeln ihm den nötigen Schwung verliehen, sondern setzte die Flügelmuskeln ein, die nach ernsthafter Betätigung verlangten.

Als seine Mutter abends zur Ruhe ging, setzte es sich neben das Nest, weil es sich in ihrer Nähe sicherer fühlte, aber diesmal lief es nicht Gefahr, in der milden, süß duftenden, windstillen Nachtluft zu frieren. Sogar im Schlaf zuckten seine Flügel, und es wachte dadurch einige Male auf. Dann war es so unruhig, daß es ihm schwerfiel, wieder einzuschlafen.

Lange bevor die ersten Streifen des Morgenrots am Himmel erschienen, war es hellwach und von einem unwiderstehlichen Bewegungsdrang erfüllt. Seine Muskeln spannten sich, seine Flügel bebten, sein gesamter Körper war bereit für den nächsten Entwicklungsschritt: das Fliegen.

Als Theo Mary am Nachmittag besuchte, erfuhren sie den Operationstermin. Der Assistenzarzt riß die Tür zum Krankenzimmer auf und teilte ihnen fast schreiend mit, daß ein alter Mann, der am nächsten Tag hätte operiert werden sollen, Bronchitis bekommen hatte, und Mary nun an seiner Stelle eingeschoben würde. Alle vor der Operation nötigen Untersuchungen müßten sofort durchgeführt werden: zwei Krankenwärter seien bereits zum Krankenzimmer unterwegs, um Mary in die Laboratorien zu bringen – wäre Theo vielleicht so freundlich, seinen Besuch abzukürzen? Am nächsten Abend gegen achtzehn Uhr könne er anrufen, aber er solle sich keine Sorgen machen, alles würde großartig verlaufen.

Der Assistenzarzt verschwand, und die beiden hatten sich noch kaum von ihrer Überraschung erholt, als die Krankenwärter hereinkamen, um Mary abzuholen. Theos Hals war wie zugeschnürt, und seine Augen wurden unwillkürlich feucht, als er nach ihrer Hand griff und sie auf die Wange küßte. Sie lächelte ihm zu, und er mußte sich abwenden, damit er nicht etwas sagte oder tat, was sie aufregen würde.

Als er im Dorf aus dem Zug stieg, beschloß er, zu Fuß nach Hause zu gehen. Es war sehr warm, und obwohl er langsam ging, geriet er bald ins Schwitzen und fühlte sich unbehaglich. Das Blut pochte in seinen Ohren, und seine Beine waren bleischwer, als er sich die eineinhalb Kilometer lange Steigung hinaufmühte. An der Stelle, von der an es wieder bergab ging, überwältigte ihn plötzlich die Angst, daß Mary sterben könnte.

Zu Hause setzte er sich ans Fenster und starrte gedankenlos hinaus, während das Licht verblaßte und die Nacht heraufzog. Schlief Mary, oder lag sie ebenfalls wach und fragte sich, ob sie ihn jemals wiedersehen würde? Was würde es ihm bedeuten, wenn sie morgen starb und ihn in der Welt der Lebenden allein zurückließ? Obwohl sie so viele Jahre zusammengelebt hatten, obwohl sie versucht hatten, einander nahe zu sein, würde ihr Tod nur beweisen, daß sie Fremde gewesen waren, jeder auf sich allein gestellt und unfähig, für den anderen mehr zu tun, als ihm im Finstern die Hand zu halten. War das wirklich alles?

Er schlief in Marys Stuhl am Fenster ein, und als er erwachte, bot sich ihm das Bild, das sie so oft betrachtet hatte – die aufgehende Sonne übergoß das Tal mit goldenem Licht.

Von Lebenslust und Neugierde getrieben, hüpfte das Braunellenjunge den ganzen Vormittag durch das Geäst der Pflaumenschlehe, lernte dabei, Augen und Muskeln zu koordinieren, und trainierte seinen Körper für die schwere Aufgabe des Fliegens. Je schneller es hüpfte, desto schneller atmete es, und so bereitete es instinktiv seine Lunge auf die zweihundert Atemzüge pro Minute vor, die sie während eines schnellen Flugs würde leisten müssen. Je stärker es keuchte, je mehr Luft es in die Lunge, in die Luftsäcke, ja sogar in die Hohlräume seiner Knochen einströmen ließ, desto sauerstoffreicher wurde das Blut, das sein winziges, siebenmal schneller als ein Menschenherz schlagendes Vogelherz durch seinen Körper pumpte.

All diese Aktivitäten und Aufregungen vergrößerten den Appetit des Jungen, und es stürzte jedesmal schleunigst zum Nest zurück, wenn seine Mutter mit Futter kam. Es ging dabei immer größere Risiken ein, flatterte über immer breitere Lücken zwischen den Zweigen und erlernte damit unbewußt die Grundlagen des Fliegens.

Bis jetzt hatte es jedoch immer nur einige Male mit den Flügeln geschlagen, um weiter zu springen oder sich bei der Landung im Gleichgewicht zu halten. Deshalb begann es gegen Mittag mit der letzten Phase der Vorbereitungen. Zunächst lockerte es die großen Brustmuskeln zu beiden Seiten des Brustbeins. Diese großen Muskeln machten ein Drittel seines gesamten Körpergewichts aus und bewegten die Schwingen, die es einmal durch die Luft tragen sollten.

Erst langsam, dann immer schneller begann es mit den Flügeln zu schlagen, krallte sich aber am Zweig fest, um nicht abzuheben. Es war bald erschöpft, doch beim nächsten Versuch hatten sich seine Muskeln bereits daran gewöhnt, das Glykogen, aus dem sie die Energie für solch gewaltige Kraftanstrengungen bezogen, rasch zu absorbieren, und die steifen Gelenke und Sehnen seiner Schultern und Flügel waren nun schon geschmeidiger. Nach diesen Übungen putzte es sein Gefieder mit besonderer Sorgfalt. Und dann galt es plötzlich nur noch, all die einzelnen Elemente der Flugkunst zu koordinieren: Atmung, Flügelschläge, Präzision, Gleichgewicht und Kraft mußten in harmonische Übereinstimmung gebracht werden. Das Braunellenjunge hüpfte auf das Nest und lief so schnell um den Rand herum, daß es auf der anderen Seite schon wieder hinuntersprang, bevor der Kuckuck auch nur auf die Beine gekommen war. Jetzt stand das Braunellenjunge am äußeren Ende des Astes und hüpfte so weit hinaus, bis dieser sich unter seinem Gewicht bog und senkte. Es stand jedoch schon sicher genug, um trotz des Schwankens seine gesamte Aufmerksamkeit auf die Welt außerhalb des Busches richten zu können, die es nun zum ersten Mal frei überblickte.

Die ungeheure Weite des Himmels raubte ihm den Atem. Es blieb überwältigt sitzen, bis seine Mutter mit einer kleinen Raupe angeflogen kam. Sie landete auf dem Zweig über ihm, steckte ihm die Raupe geschickt in den Schlund, als es sie automatisch anbettelte, und flog wieder fort. Die Schnelligkeit und Leichtigkeit, mit der sie sich bewegte, weckten in dem Jungen das Bedürfnis, es ihr nachzumachen. Es beugte sich vor, schreckte sogleich wieder zurück und brachte den Zweig dadurch nur noch mehr ins Schwanken. Es zögerte noch eine Sekunde, dann hörte es irgendwo weit über seinem Kopf eine Lerche jubelnd die Freiheit der Lüfte besingen und nutzte den Augenblick, in dem der Ast in die Höhe schnellte, um abzuheben.

Die schwüle, warme Luft liebkoste die Unterseite seines Körpers und schien ein weiches Kissen unter seine ausgebreiteten Flügel zu schieben. Mit ein paar gemächlichen Flügelschlägen nahm es Schwung und steuerte in die gewünschte Richtung, dann glitt es in langem, langsamem Gleitflug mühelos hinunter und verspürte dabei eine Freude und Wonne, wie es sie noch nie gekannt hatte.

Der Winkel, in dem es niederging, war so flach, daß es kaum eine Rolle gespielt hätte, wie es landete, doch das Junge machte instinktiv alles richtig. Es richtete seinen Körper auf, schwenkte die Flügel, so daß sie gegen die Flugrichtung schlugen, und streckte die Beine im richtigen Augenblick vor, um den Landungsaufprall abzufangen. Ohne zu stolpern oder vornüberzukippen, setzte es gute sieben Meter von der Pflaumenschlehe entfernt im Gras auf.

Rundum leuchtete das üppige Grün im hellen Sonnenschein, und wohlige Wärme durchflutete seinen Körper. Die in der Hitze vibrierende Luft war erfüllt vom Summen der Insekten, und überall regte sich die Fülle des Lebens. Einen Augenblick stand es wie betäubt vor ehrfürchtigem Staunen, dann wurde es von dem Ansturm neuer Eindrücke überwältigt. Es durfte nicht bleiben. Hier draußen war es winzig und schutzlos – es mußte in die Sicherheit des Busches zurückkehren.

Wäre das Junge noch eine Sekunde länger sitzen geblieben, so wäre es vielleicht vor Angst erstarrt, so aber verlieh ihm die Furcht nur den nötigen Antrieb. Es stieß sich ab, breitete die Flügel aus, flatterte auf und begann zu steigen. Sein Brustkorb weitete sich, das Herz pumpte und jagte das Blut durch die Adern, die Muskeln beugten und streckten sich, und die gespreizten Schwungfedern hoben und senkten sich: Das gesamte, ungeheuer komplizierte System funktionierte in vollendetem Gleichklang, und das Junge flog zum Busch hinauf. Seine Begeisterung und Unerfahrenheit ließen es über den Ast hinausschießen, den es angepeilt hatte, aber es korrigierte schnell und landete auf dem darüberliegenden Ast. Es schwankte kurz, dann fand es seine Sicherheit wieder.

Der erste, gefährlichste Flug lag hinter ihm. Es hatte die Fesseln der Schwerkraft ein für allemal abgestreift.

Jim versuchte Theo abzulenken, indem er ihm eine Reihe von Aufgaben zuwies, aber Theo fand immer noch, daß die Zeit quälend langsam verstrich. Ganz gleich, wieviel Arbeit er hatte, er mußte immerzu an Mary denken, und seine Stimmung schwankte ständig zwischen Angst und Hoffnung. Zum Schluß schwirrte ihm der Kopf, sein Herz klopfte unregelmäßig und schien sich krampfhaft zusammenzuziehen. Um punkt sechs Uhr rief er von Forge Farm aus das Krankenhaus an.

Er mußte lange angsterfüllt warten, bevor eine ferne Stimme ihm mitteilte, daß die Operation gut verlaufen sei und es

Mrs. Lawrence den Umständen entsprechend ausgezeichnet ginge. Mehr konnte er nicht in Erfahrung bringen, und mit einem Gefühl der Leere legte er den Hörer wieder auf. Er versuchte sich einzureden, daß die Nachricht doch großartig sei, und bemühte sich, Begeisterung in seine Stimme zu legen, als er sie den Siddys berichtete, aber in Wahrheit fühlte er sich nicht erleichtert, sondern ausgelaugt.

Er ging nach Hause, nahm ein Bad, begann sich etwas zu kochen und ließ es wieder sein, als ihm bewußt wurde, daß er überhaupt nicht hungrig war und eigentlich nur ruhig im Wohnzimmer sitzen wollte. Und zwar am weit geöffneten Fenster, um den kühlen Abendwind zu genießen.

Ein paar Stunden später saß er immer noch dort und starrte bedrückt in die hereinbrechende Dunkelheit hinaus, als Eve Conrad von der Zufahrt her seinen Namen rief. Er stürzte hinaus und traf am Gartentor mit ihr zusammen. Ein Anruf für ihn. Das Krankenhaus. Mary.

Er legte den ganzen Weg im Laufschritt zurück, und als er zum Hörer griff, dröhnte das Blut so laut in seinen Ohren, daß er kaum etwas hörte. Aber es war Marys Stimme – noch etwas benommen von der Narkose sprach sie ziemlich undeutlich –, aber sie berichtete ihm, daß es ihr glänzend gehe. Nein, sie habe keine Schmerzen. Der Assistenzarzt sei gerade bei ihr gewesen. Sie müsse noch fünf Tage im Krankenhaus bleiben, dann werde sie einen Monat zur Erholung und Rehabilitation in ein Genesungsheim kommen, aber danach werde sie wieder gehen können. Ihre Hüfte sei so gut wie neu, habe der Assistenzarzt gemeint.

Sie hätte ihn am liebsten sofort angerufen, aber es habe eine halbe Stunde gedauert, bis man ihr das Telefon brachte. Sie könne es gar nicht erwarten, ihn wiederzusehen. Ja, morgen. Sie sei müde und wolle jetzt schlafen gehen. Sie liebe ihn.

Theos Freudentanz und sein strahlendes Lächeln, als er den Hörer hinlegte, sagten Eve alles. Sie breitete die Arme aus, und die beiden drehten sich glücklich lachend und einander auf den Rücken klopfend im Kreis. Teddy tollte in der Küche umher und teilte auf seine Weise die Freude und Aufregung der beiden Menschen, durch die sich die Atmosphäre des ganzen Hauses auf einmal verwandelt hatte.

Das Braunellenjunge unternahm an diesem Nachmittag noch vier Flüge. Jedesmal blieb es ein bißchen länger draußen, doch dann, überwältigt von dem Erlebnis, kehrte es schleunigst in die Sicherheit des Busches zurück. Inmitten seiner Blätter und Zweige beruhigte es sich wieder und schaute stundenlang in die weite Welt hinaus, zwischen Sehnsucht und Angst hin und her gerissen.

Auch als seine Mutter für die Nacht ins Nest zurückkehrte und tiefblaue Schatten die Erde verhüllten, blieb es am äußersten Ende des Astes sitzen. Zum erstenmal im Leben erblickte es den funkelnden Nachthimmel und starrte die flimmernden Lichter so lange an, daß sie auch dann noch an seinen Augen vorbeizogen, wenn ihm die Lider schwer wurden und es in kurzen Schlaf sank.

Später stieg der Mond hinter der Scheune empor, und als es erwachte, war die Welt wieder sichtbar, aber in ein silbernes Licht getaucht, in dem alles weich und verschwommen wirkte. Jetzt war es endgültig vorbei mit dem Schlaf; es schaute und konnte sich nicht sattsehen.

Unmerklich gesellte sich zum Silberlicht des Mondes das erste schwache Gelb im Osten. Das Braunellenjunge nahm die Konturen und Farben seiner Umgebung wahr und beobachtete, wie sie allmählich immer deutlicher wurden. Gestern hatte es noch nicht dazugehört, doch jetzt war es ein

Teil dieser Welt. Als jenseits des Feldes eine junge Drossel ihr Morgenlied anstimmte, wuchs die glückliche Erregung in der Brust des Jungen, und es versuchte zum erstenmal zu singen. Innerhalb von Minuten erschollen überall im Tal die Lieder unzähliger Vögel, und sein hohes Piepsen mischte sich in diesen Chor.

Es war immer noch in sein Lied vertieft, als seine Mutter aus dem Busch schwirrte. Ohne eine Sekunde zu zögern folgte es ihr und erlebte jetzt eine ganz andere Art des Fliegens als bei seinen Flugversuchen am Tag vorher. Alle Vitalität und Kraft seines jungen Lebens, die es eben noch in seinen Gesang gelegt hatte, strömte jetzt in seine Flügel. Furchtlos raste es hinter seiner Mutter her, durchschnitt die kühle Morgenluft und nahm das Gras nur als verschwommene, grüne Fläche wahr.

Als sie sich den Bäumen am Fluß näherten, stieg sie in die Höhe, und das Junge folgte ihr. Am höchsten Punkt des Fluges empfand es einen Augenblick lang Angst, als es aus dem Augenwinkel sah, wie sich der Himmel im glitzernden Wasser tief unter ihm spiegelte, doch dann stieß es hinter seiner Mutter hinunter und vergaß seine Angst, als sie im Gleitflug auf die Hecke gegenüber von Brook Cottage zusteuerten.

Der Boden kam rasch auf das Junge zu, aber es bremste rechtzeitig ab und landete neben der Braunelle im Gras, wo die Tautropfen, die an den langen Halmen hingen, auf sie niederregneten. Seine Mutter hatte nicht geahnt, daß es schon so gut fliegen konnte, und stimmte einen Freudengesang an, ehe sie unter die Hecke schlüpfte, um Futter zu suchen. Das Junge schüttelte die Tautropfen von seinen Flügeln, hüpfte hinter ihr her, und sie belohnte es für seinen erfolgreichen Flug, indem sie ihm die beiden ersten Bissen gab, die sie fand.

An diesem Tag und an den beiden folgenden blieb es ständig an ihrer Seite. Es flog dicht hinter ihr her und folgte jeder ihrer Bewegungen mit solcher Präzision, als wären sie durch ein unsichtbares Band verbunden. Die Braunelle hatte seit den ersten Tagen des Zusammenlebens mit ihrem Männchen keine so harmonische Einheit mehr erlebt und ließ sich immer wieder auf unnötig komplizierte Flugfiguren ein, aus reiner Freude an dem beglückenden Gleichklang mit einem Artgenossen.

Obwohl ihre Bewegungen auf dem Boden nicht so genau aufeinander abgestimmt waren, blieb das Junge doch immer in ihrer Nähe und kam sofort zu ihr, wenn es durch etwas erschreckt wurde oder sah, daß sie einen besonderen Leckerbissen im Schnabel hielt. Auch wenn es jetzt nicht mehr zur Gänze von seiner Mutter abhängig war, sondern selbst begann, nach Futter zu suchen, nahm es gelegentlich noch immer die gewohnte Bettelhaltung ein. Dann fütterte sie es automatisch, doch das meiste, was sie fand, war immer noch für den gefräßigen Kuckuck im Nest bestimmt.

Die Rückkehr zum Nest war das einzige, dem das Junge nichts abgewinnen konnte. Der Anblick des Kuckucks, der von einer Fütterung zur nächsten immer größer und aggressiver zu werden schien, rief von neuem die Angst in ihm wach, die es als Nestling empfunden hatte. Obwohl es jetzt vor jedem Angriff sicher war, blieb es lieber am Ende des Astes sitzen, während seine Mutter den zischenden und jammernden Nestling fütterte. Das Braunellenjunge hätte am liebsten weggesehen, wenn sie zu dem bedrohlichen Geschöpf hinhüpfte, das jetzt schon größer war als sie, doch es konnte die Augen nicht abwenden und verfolgte wie gebannt jede ihrer Bewegungen.

Die Aufmerksamkeit, mit der es alles beobachtete, was die Mutter tat, vollendete seinen Reifungsprozeß. Der größte Teil seiner Verhaltensweisen war ihm angeboren, aber indem es ihr zusah, sammelte es Erfahrungen. Niemand hatte ihm zum Beispiel zeigen müssen, wie man fliegt, doch indem es die komplizierten Flugfiguren seiner Mutter nachahmte, vervollkommnete es seine Flugtechnik. Es hatte auch instinktiv gewußt, wie man frißt, aber indem es sie beobachtete, lernte es, wo die besten Futterplätze waren, und welche Käfer und andere Insekten am besten schmeckten.

Deshalb flog und jagte das Junge drei Tage lang mit seiner Mutter und lernte dabei ständig unbewußt von ihr. Es sah, wie sie Getreidekäfer aus winzigen Vertiefungen und Spalten herausholte, lernte von ihr, daß sich die Insekten abends an den sonnigen Stellen am Flußufer sammeln, oder daß man junge Würmer am ehesten frühmorgens an schattigen Plätzen unter dem Laub findet. Während der wenigen Ruhepausen des Tages stand es neben ihr und beobachtete, wie sie ihr Gefieder putzte, die Federn glattstrich, zurechtzupfte, sie durch den Schnabel zog und immer wieder der Bürzeldrüse Öl entnahm, mit dem sie die Federn einfettete.

Am vierten Morgen war die Gemeinsamkeit zu Ende. Als die Braunelle das Nest verließ und in die Morgendämmerung hinausflog, folgte ihr das Junge nicht. Sie landete mitten auf dem Feld und rief es, denn seine gewohnte Begleitung ging ihr ab; doch als es noch immer nicht kommen wollte, flog sie weiter. Ihre wichtigste Pflicht war das Füttern des Kuckucks.

Das Junge blieb auf der Pflaumenschlehe sitzen. Die Unruhe, die es dazu drängte, sich selbständig zu machen, wurde durch die Ängstlichkeit und Unsicherheit wettgemacht, die es zum Bleiben verleiteten. Unentschlossen hüpfte es von Zweig zu Zweig. Es war immer noch da, als die Braunelle eine halbe Stunde später mit der ersten Mahlzeit für den Kuckuck zurückkehrte. Als sie wieder fortflog, konnte es nicht widerstehen und folgte ihr in den warmen Sonnenschein hinaus.

Kaum war es in der Luft, vergaß es sein Zögern, und während seine Mutter den Fluß ansteuerte, bog es nach rechts zur Zufahrt ab. Es setzte sich auf die oberste Zaunplanke, fühlte sich dort jedoch zu exponiert und wechselte auf die unterste Planke, wo ihm das lange Gras etwas Deckung bot. Doch kaum saß es dort, landete ein Amselhahn auf einem der Pfosten des Gartentors auf der gegenüberliegenden Seite der Zufahrt. Der Amselhahn spreizte den Schwanz, starrte das Braunellenjunge mit seinen schwarz glitzernden, von gelben Ringen umgebenen Augen an und flog dann laut zeternd auf es zu. Das Junge hob entsetzt ab, zog im Tiefflug über das Feld und suchte Zuflucht in der vertrauten Welt der Pflaumenschlehe. Als es zurückblickte, stolzierte der Amselhahn triumphierend auf dem Zaun hin und her.

Die Angst war schnell verflogen, und die Unruhe setzte wieder ein. Es huschte neuerlich gereizt durch den Busch, während die aufregenden Bilder und Geräusche der Außenwelt es riefen. Es war so in seinen inneren Zwiespalt vertieft, daß es erschrak, als es plötzlich hektisches Piepsen vernahm. Es hielt unvermittelt an und sah direkt unter sich das Nest, in dem der junge Kuckuck saß und ihm den weit aufgerissenen Schnabel entgegenreckte. Er hatte das Braunellenjunge noch nie angebettelt, und dieses konnte, genau wie seine Eltern, dem Anblick nicht widerstehen.

Es hüpfte auf einen der Zweige, die das Nest trugen, und der Kuckuck brach in flehentliches Piepsen aus. Er war jetzt so groß, daß er das Nest fast zur Gänze ausfüllte. Seine Federn wuchsen bereits durch den Flaum, und ihre braune Zeichnung wurde allmählich sichtbar. Doch obwohl der Kuckuck so groß war, empfand ihn das Junge nun nicht mehr als furchteinflößend; im Gegenteil, seine unbeholfenen Versuche, sich bemerkbar zu machen, hatten sogar etwas Anziehendes.

Flügel rauschten an ihm vorbei, und als seine Mutter am Nestrand landete, duckte sich das Junge unwillkürlich und sperrte den Schnabel auf. Sie hatte den Kuckuck füttern wollen, doch die Bewegung ihres Sohnes lenkte sie ab. Sie schaute unsicher von einem zum anderen und ließ in ihrer Verwirrung die lange, grüne Raupe, die sie mitgebracht hatte, fallen. Diese landete auf einem Zweig, doch bevor sie weiterrollen konnte, neigte sich das Junge vor und packte sie. Mit einer raschen Kopfbewegung wollte es sich das eine Ende der Raupe in den Schnabel schnippen, doch bevor ihm das gelang, begann der Kuckuck erbärmlich zu piepsen.

Seine Hilflosigkeit einfach zu ignorieren, war unmöglich, und so wie seine Mutter es unzählige Male getan hatte, hüpfte das Braunellenjunge auf den Nestrand und bot dem Kuckuck die Raupe an. Dieser öffnete eifrig den spitzen, mörderischen Schnabel, und das Junge steckte furchtlos den Kopf hinein und stopfte seinem Todfeind das Geschenk in den tiefen, rosaroten Schlund.

Als das Junge ein paar Minuten später die Pflaumenschlehe verließ, saß die Braunelle auf dem Scheunendach. Sie sah zu, wie es das Feld überquerte, die Zufahrt hinunterflog und aus ihrem Blickfeld verschwand. Sein Flug hatte so kraftvoll, zielgerichtet und entschlossen gewirkt, daß sie wußte, es hatte sie für immer verlassen.

18

Eine Feier – Ein Blick in die Zukunft

Unser Geschick, unsre Natur, unsere Heimat,
Sie liegen im Unendlichen und nirgends sonst;
Sie liegen in der Hoffnung, die unsterblich ist,
In Mühe und Erwartung und Verlangen
Und etwas, das für immer währen wird.

William Wordsworth: *The Prelude*

Am letzten Julitag kam Mary Lawrence aus dem Genesungsheim nach Hause, und am ersten Samstag im August fand in Little Ashden eine Willkommensparty statt. Am Morgen war es strahlend schön, aber als die Gäste am Nachmittag eintrafen, bedeckten schwere, dunkle Wolken den Himmel. Die Luft wurde immer feuchter, und es war abzusehen, daß es noch vor dem Abend regnen würde.

Das Kuckucksweibchen, das alle seine Eier längst untergebracht hatte und sich wieder in ausgezeichneter Verfassung befand, hatte am Abend die Rückreise nach Afrika antreten wollen, aber der drohende Regen veranlaßte sie, schon früher aufzubrechen. Niemand sah sie, als sie über Little Ashden hinwegflog und zur Wolkendecke aufstieg. Es war ein sehr erfolgreicher Sommer gewesen. Sie hatte zwölf Eier gelegt und hinterließ acht überlebende Sprößlinge, die inzwischen schon alle fast fertig ausgewachsen waren. Natürlich hatte sie keinen von ihnen jemals gesehen.

Sie sollte zwar die Strapazen des Fluges nach Nordnigerien überleben, das Tal jedoch niemals wiedersehen. Im nächsten Frühjahr starb sie auf dem Flug über die Sahara.

Ihre acht Sprößlinge blieben noch einen Monat im Tal, vervollkommneten ihre Flugkenntnisse und stopften sich mit Futter voll, um Kraftreserven anzulegen. Anfang September brachen sie einzeln auf, und ihr angeborener Orientierungssinn ließ sie die gleiche Route einschlagen, der ihre Mutter und Generationen ihrer Vorfahren gefolgt waren. Fünf von ihnen kamen unterwegs ums Leben: zwei wurden abgeschossen; einer ertrank vor Erschöpfung im Mittelmeer; einer starb, nachdem er durch Pestizide vergiftete Insekten gefressen hatte; der fünfte fiel der Hitze und Trockenheit der Wüste zum Opfer. Einer der drei Überlebenden war jener Kuckuck, den die Braunellen großgezogen hatten. Nach dem Zweitausend-Kilometer-Flug wählte er sich einen Schlafplatz, der nur eineinhalb Kilometer von der Stelle entfernt war, an der seine Mutter gewohnt hatte, und im Sommer darauf sollte er heil in das heimatliche Tal zurückkehren.

Die Party der Lawrence wurde ein Riesenerfolg. Fast alle Gäste waren auf die gleiche Idee verfallen und hatten eine Flasche Champagner mitgebracht, und so verwandelte sich die geplante Teegesellschaft in eine fröhliche Feier, bei der viel gelacht und geplaudert wurde. Schon bevor der Champagner zu wirken begann, war die Atmosphäre entspannt gewesen, weil sich alle darüber freuten, daß es Mary so gut ging. Trotz all ihrer Bemühungen, sich nichts anmerken zu lassen, waren vor der Operation die ständigen Schmerzen nämlich an ihrem blassen, gequälten Gesicht abzulesen gewesen; jetzt aber hatte sie rosige Wangen, und die Fältchen um ihre Augen kamen vom Lachen. Sie hinkte immer noch ein wenig, und das würde sich wohl nie ganz geben, aber sie konnte sich wieder frei bewegen. Als jemand eine Platte auflegte, nahm sie ohne zu zögern Jim Siddys Aufforderung zum Tanz an.

Auch Daniel war glücklich, daß er wieder tanzen konnte. Alle hatten ihn dazu beglückwünscht, daß er wieder vollkommen normal gehen konnte, und seine neue Freundin Stephanie schien allen zu gefallen. Er hatte sie erst während der Prüfungen näher kennengelernt, und die Party war eine gute Gelegenheit, ihr das Tal zu zeigen und sie seiner Mutter vorzustellen.

Nach der Party stiegen sie zu dritt auf die Anhöhe oberhalb von Brook Cottage, um den Ausblick über das Tal zu genießen. Es war schon beinahe finster, als sie umkehrten und am

Birkenwald vorbei wieder nach Hause wanderten. Das flügge gewordene Braunellenjunge hatte sich gerade auf seinem Schlafplatz im Vogelbeerstrauch am Flußufer niedergelassen und sah sie vorübergehen. Es wußte nicht, daß der nur wenige Flugsekunden entfernte Schlehdornbusch auf der anderen Seite des Baches im vergangenen Jahr der Schlafplatz seiner Mutter gewesen war. Es wußte nur, daß es sich in diesem Gebiet wohl fühlte. Es gab hier Futter in Hülle und Fülle, und das Plätschern und Rauschen des Baches empfand es als angenehme Begleitmusik seines Lebens.

Das junge Braunellenmännchen war rund und kräftig, daran gewöhnt, zu improvisieren und sich anzupassen, und überlebte daher den Winter. Im folgenden Frühjahr fand es ein Weibchen, und sie bauten ihr Nest im Vogelbeerstrauch. Sie brüteten zweimal, und sechs ihrer Sprößlinge blieben am Leben.

Die Pflaumenschlehe auf der anderen Talseite war immer noch der Schlafplatz seiner Mutter, obwohl sie nicht mehr in dem Nest schlief, seit die Jungen ausgeflogen waren. Sie saß nachts lieber am Ende eines Zweiges, der dicht an der Holzwand des Stalles wuchs. Es war nun zwanzig Tage her, seit der junge Kuckuck endlich fortgeflogen war und sie ihre Freiheit wiedergewonnen hatte, aber sie war noch immer mager und erschöpft. Nachdem ihr eigener Sohn sie verlassen hatte, war sie noch drei Wochen damit beschäftigt gewesen, den unersättlichen Hunger des jungen Kuckucks zu stillen, der schließlich mehr als doppelt so groß und schwer gewesen war wie sie. Zum Schluß hatte sich die Braunelle auf den Rücken des Kuckucks stellen müssen, um den ewig aufgesperrten Schnabel zu erreichen. Diese Schwerarbeit hatte sie zermürbt.

Sie sollte sich nie mehr ganz davon erholen und fiel zu Beginn des nächsten Jahres einer Kältewelle zum Opfer. In einer eisigen Winternacht stürzte sie tot vom Ast der Pflaumenschlehe und wurde von dem Fuchsrüden gefressen, der Forge Farm immer noch allnächtlich seinen Besuch abstattete. Vorläufig verlief das Leben jedoch ruhig und friedlich, und die Freuden eines milden Spätsommers und eines fruchtbaren Herbstes lagen noch vor ihr.

An diesem Augustabend legte der Autor die Feder weg und unternahm einen Spaziergang. In Little Ashden und Forge Farm brannte Licht, und unter dem wolkenverhangenen Himmel brach die Nacht schnell herein. Er stieg über den Zauntritt und ging langsam den steilen Hang zu den Felsen hinauf.

Als er nach dem Aufstieg durch eine der Wasserrinnen den höchsten Punkt des Felsens erreichte, war das Licht tiefblau und der Wind verhieß Regen. Die schwankenden Baumkronen unter ihm verbargen das Tal, so daß das gelbe Licht aus den Fenstern der drei Häuser nur kurz zwischen den Blättern auftauchte und wieder verschwand.

Hier oben, im warmen Abendwind, fühlte er sich dem Himmel näher als dem Tal. Ihm war, als flöge er. Er breitete die Arme aus und stellte sich vor, er wäre ein Vogel. Doch er war keiner. Vögel flogen. Menschen forschten. Und wenn sie gewissenhaft forschten, lernten sie vielleicht etwas. Er wußte nur, daß er lernen wollte. Die Frage, warum er das wollte, war genauso sinnlos wie für einen Vogel die Frage, warum er fliegen wollte. Er war ganz einfach dazu geboren.

Er hörte den Regen auf die Baumkronen prasseln, bevor ihn selbst der erste Tropfen traf. Er hob den Kopf zum Himmel und ließ sich die warmen Regentropfen über das Gesicht laufen.